口絵 1　東南アジアの最高峰キナバル山。標高 4,101 m（舘卓司氏撮影）（マレーシア，サバ）。

口絵 2　アラカン山脈の山並み。インド亜区とインドシナ亜区を隔てる境界となる（ミャンマー上空）。

口絵 3　ムユンクム砂漠のヒナゲシの絨毯（カザフスタン）。

口絵4　キシタアゲハ *Troides aeacus*。本種を含むトリバネアゲハの仲間は熱帯アジアのレッドデータ種であり，また多様性の指標群としても扱われている（中国，海南島吊罗山付近）。

口絵5　ハレギチョウ *Cethosia bibles*（大島康宏氏撮影）（中国，海南島吊罗山）。

口絵 6　アクス・ジャバグリー国立公園。標高 3,000～4,000 m の山脈が連なる（カザフスタン南部）。

口絵 7　コハナバチ科 *Lasioglossum* 属の一種。中央アジアの乾燥地帯はハナバチ類の多様性が高い（カザフスタン，カラタウ山脈）。

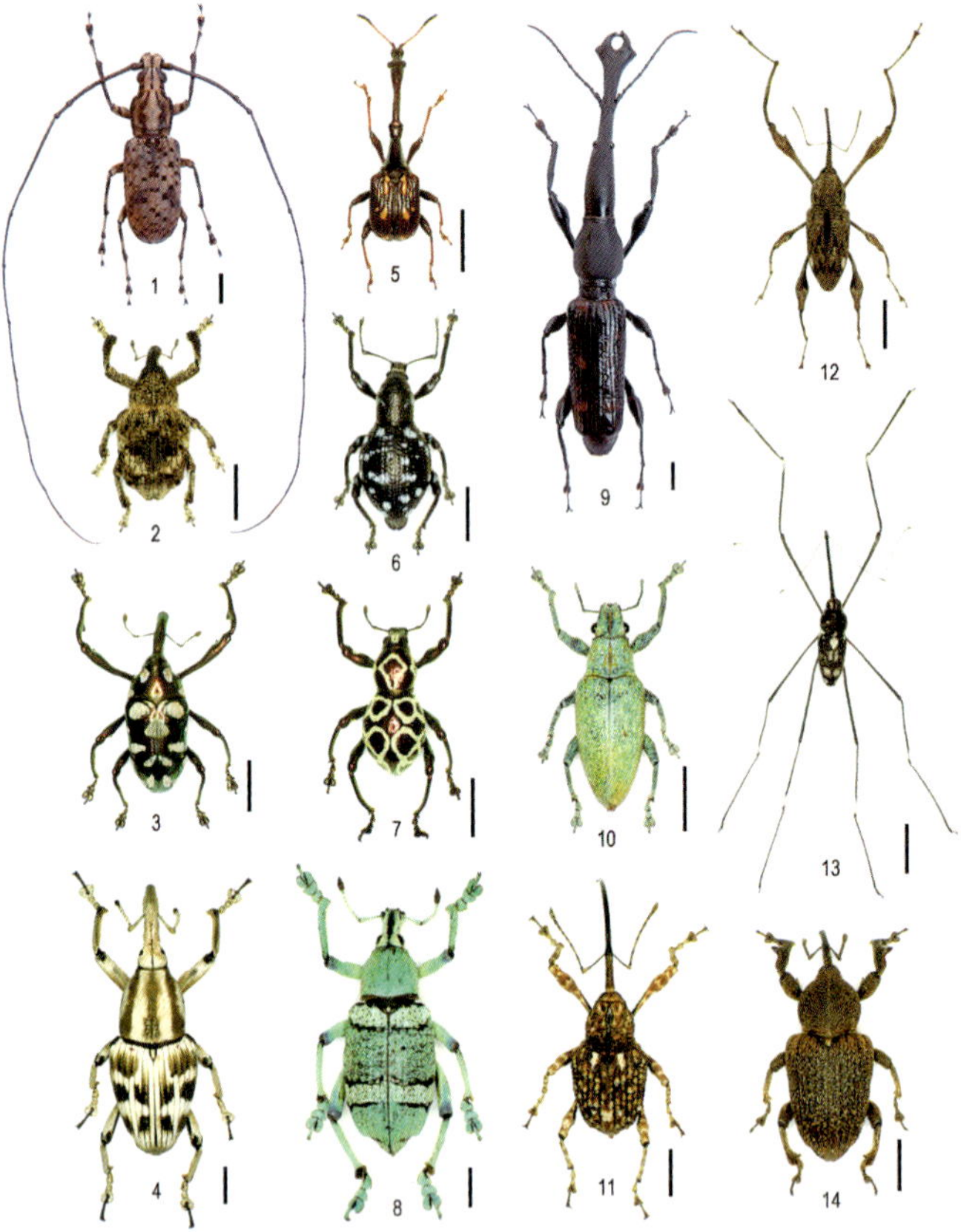

口絵8　熱帯アジアのゾウムシ類（代表的な大形種）。1．*Peribathys* sp.（ベトナム；ヒゲナガゾウムシ科）；2．*Desmidophorus crassus*（沖縄；イボゾウムシ科）；3．*Merus ocellatus*（フィリピン；アシナガゾウムシ族）；4．*Poteriophorus uhlemanni*（台湾；オサゾウムシ科）；5．*Cycnotrachelus flavotuberosus*（タイ；オトシブミ科）；6．*Eupyrgops samasanensis*（台湾；ヒメカタゾウムシ族）；7．*Pachyrhynchus* sp.（フィリピン；カタゾウムシ族）；8．*Eupholus schoenherri*（ニューギニア；ホウセキゾウムシ族）；9．*Eutrachelus temminckii*（マレーシア；ミツギリゾウムシ科）；10．*Hypomeces squamosus*（マレーシア；マユゲクチブトゾウムシ族）；11．*Ectatorhinus wallacei*（マレーシア；ニセクチカクシゾウムシ族）；12．*Acicnemidia longimana*（マレーシア；カレキゾウムシ族）；13．*Talanthia* sp.（マレーシア；クモゾウムシ亜科）；14．*Sclerocardius indicus*（マレーシア；ニセクチカクシゾウムシ族）。スケール：0.5 ㎜

口絵 9　左，ツムギアリ *Oecophylla smaragdina*，攻撃的で咬まれると痛い（ラオス，ビエンチャン周辺）；右，ギガスオオアリ *Camponotus gigas*，東南アジア最大のアリで体長 3 ㎝（マレーシア，クアラルンプール周辺）。

口絵10　左：ミツデオオバギ *Macaranga triloba*，茎は中空でアリの巣として提供している；右：茎を割ったところ，中にはシリアゲアリの一種 *Crematogaster*（*Decacrema*）sp.が営巣（マレーシア，ゴンバック）。

口絵12　フライト・インターセプト・トラップ。透明なビニルシートを樹間に張り，飛翔する昆虫を捕まえる（タイ，カオ・アン・ルナイ）。

口絵11　フォギング。高い樹冠を調査する場合，ボウガンと釣り用リールを使ってフォグマシンを高所につり下げる（マレーシア，エンダウロンピン）。

口絵13　マレーゼトラップ。ハエやハチなどが縦に張られた網を上へと登り，屋根頂部に設置されたボトルで捕獲される（舘卓司氏提供）（マレーシア，サバ）。

口絵14　土壌性昆虫の採集。左はウィンクラー装置，中にリターを入れた網袋をつるし，乾くに従いアリなどが下のアルコール容器に落ちる。右はベルレーゼ（ツルグレン）装置，光と熱でリター中の小動物が下部の容器に落ちる（タイ）。

口絵15　海岸林での調査風景（インドネシア，クラカタウ諸島）。

口絵16　倒木はアリや甲虫の絶好の採集ポイント（ベトナム，クックフォン）。

口絵17　ネットスイープで採集されたハエやハチ（インドネシア，ウジュン・クーロン）。

口絵18　屋台に並べられた様々な昆虫。スナックとして食べられる（タイ，チェンマイ）。

口絵19　ローカルマーケットで売られるツムギアリ。成虫はタマネギと一緒に炒めてある。幼虫は別途分けて山盛りとされている（タイ，サカエラート）。

九大アジア叢書 7

昆虫たちのアジア

■多様性・進化・人との関わり

緒方一夫・矢田　脩
多田内修・高木正見 編著

九州大学出版会

はじめに

昆虫は生物界において圧倒的な多様性をほこり、また膨大な生体量を占めていることは多くの本で紹介されている。けれども、彼らが生活する場としてのアジアではどうだろうか。熱帯アジアのジャングルを訪れると色鮮やかなチョウが渓流に乱舞し、花にはメタリックに輝くハチが訪れ、林床には大きなアリが行き来している。一方、アジア大陸の中央には広大な砂漠地帯が位置している。昆虫は適応にすぐれ、極めて厳しい環境下でも生存し、かつダイナミックに動くことも知られている。かつて私はタクラマカン砂漠でシルクロードの要衝の地・楼蘭を目指す探検隊に参加したことがあった。草木もない荒漠地で休憩をとっていると、空からメクラカメムシが次々に降ってきた。昆虫が移動するということを実感した一コマであった。

そもそも六大州のひとつとしてのアジアは総陸地面積四、四〇〇〇万平方キロメートルの広大な地域を占め、全世界の陸域の三分の一にあたる。地理学上は隣接するヨーロッパ、アフリカ、オセアニアと明確に区分されている。ヨーロッパとの境界はウラル山脈・ロシアとカザフスタンの国境・カスピ海・コーカサス山脈・黒海・ボスポラス海峡・マルマラ海・ダーダネルス海峡にいたる線、アフリカとはスエズ運河、オセアニアとはインドネシアとパプアニューギニアとの国境となっている。

昆虫の生活圏としてのアジアは、それほど厳格な地理上の境界は必要ないけれども、膨大な面積には、寒帯から熱帯までの多様な気候が含まれている。地史的にみても大きな変貌をとげた地域である。二億五、〇〇〇万年前に東西のプレートがぶつかってウラル山脈をつくり、このユーラシアプレートの南では四、〇〇〇万年前にインドプレートがぶつかってヒマラヤ山脈やヒンズークシ山脈が形成された。さらにユーラシアプレート東部では太平洋底の海洋プレートやオーストラリアプレートの潜り込みのために地殻の変動が激しく、複雑で活動的な島弧を作り出している。昆虫の起源は四億年以上前にさかのぼるとされているが、「アジア」の地史的なイベントが、昆虫たちの多様性を生み出したにちがいない。

もとより虫たちに国境はない。アジアとヨーロッパの境界であるダーダネルス海峡をはさんでトルコとギリシアの生物相が大きく異なるなどということはない。しかし、異なる境界が存在する。例えば、マカッサル海峡をはさんで、ボルネオ島とスラウェシ島では、チョウ相が異なる。十九世紀の博物学者ウォーレスはバリ島とロンボク島の間に東洋系とオーストトラリア系の動物の境界があることを提唱した。

ここで、生物地理とアジアの関係を整理しておこう。生物の分布を研究する学問分野は生物地理学とよばれる。生物地理学の初期には、分布のパターンから、いくつかの区系にまとめることを課題としていた。アジアには四つの区分が含まれている。すなわち、旧北区、東洋区、オーストラリア区、エチオピア区である。さらにはこれらを細分したシベリア亜区、満州亜区、インドシナ亜区、インド・マレー亜区、オーストロ・マレー亜区の一部、インド亜区、セイロン亜区、地中海亜区の一部、および東アフリカ亜区の一部、が地理上のアジアに相当する（図参照）。もちろん、すべての昆虫たちがこの区分にしたがって分布しているわけではない。なぜなら、それぞれの昆虫の起源の場所と時代は異なるものであるし、その生活様式自体も様々であるからだ。

さて、九州大学には昆虫を研究対象とする研究者が農学研究院、理学研究院、総合研究博物館、比較社会文化研究院等で様々な課題と取り組んでいる。その層の厚さと領域の広がりはわが国の昆虫学研究の中で群を抜くものである。本書はその中でもアジアに関連した題材を扱っている六人の著者たちによるアジアと昆虫にまつわるエピソードを編んだものである。それぞれの話題を多様性と進化という観点、アジアの人々の暮らしという観点からとり

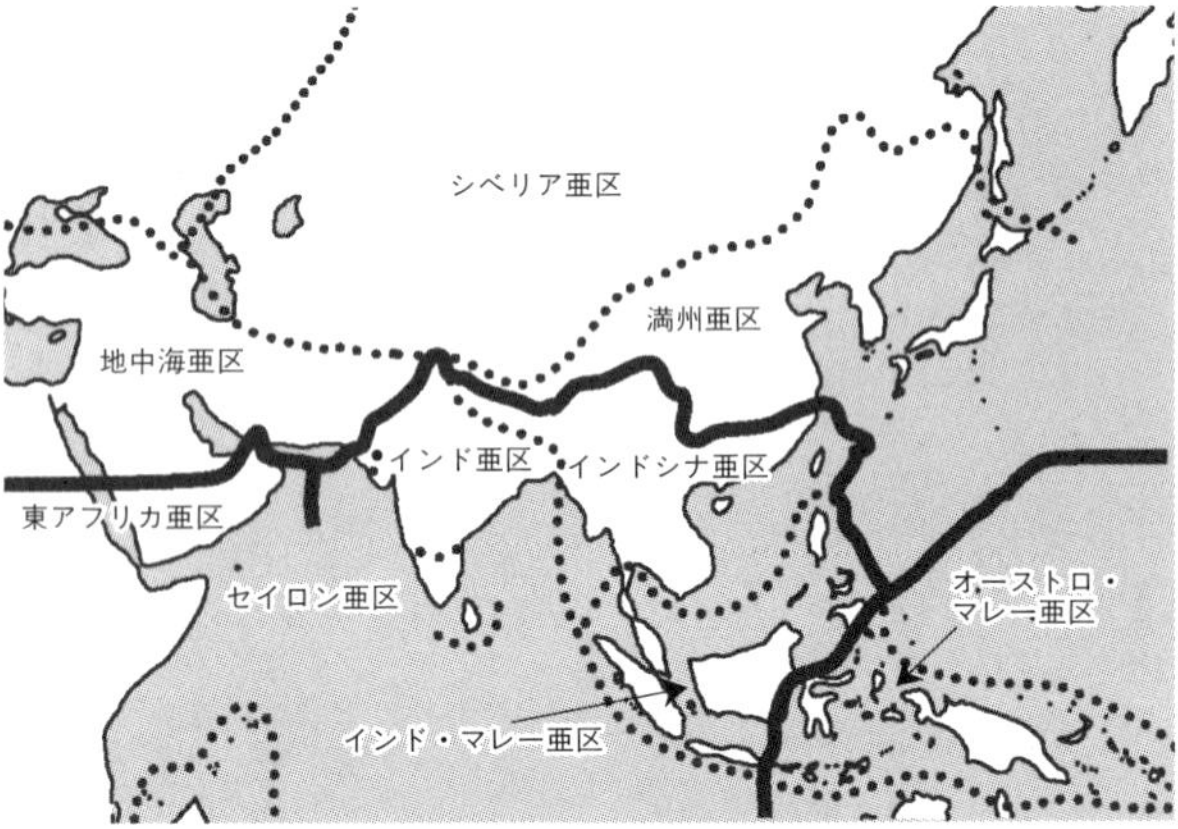

旧北区（一部）------- シベリア亜区
満州亜区
地中海亜区（一部）

東　洋　区 ------- インド亜区
セイロン亜区
インド・マレー亜区
インドシナ亜区

エチオピア区（一部）-------東アフリカ亜区（一部）

オーストラリア区（一部）------オーストロ・マレー亜区

図　「アジア」に含まれる生物地理区

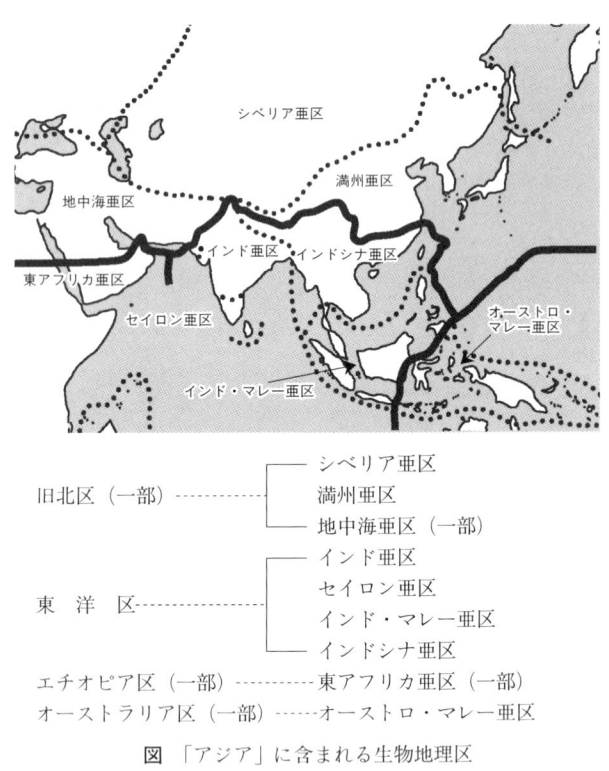

まとめた。

第I部ではチョウ、ハナバチ、アリ、ゾウムシを題材としている。第一章は熱帯アジアのチョウについて、系統と生物地理、そして保全という観点からの話題である。第二章のハナバチは中央アジアでの多様性をめぐる話題である。第三章のアリはアジアでの分類学の現状、ツムギアリ、アジアの研究ネットワークの話題をとりあげる。第四章では東南アジアの多様なゾウムシについて植物との関連から考察する。

第II部では人と関わる昆虫がテーマである。第五章では害虫としての昆虫とその防除についてアジアの国々での現状を紹介する。最後に、第六章では文化との関連から、食材その他に利用される昆虫について解説している。

それぞれの昆虫学者がフィールドでどのような研究を展開しているのだろうか。そして、どのようなアジアを体感しているのだろうか。

二〇〇六年九月

緒方一夫

目次

第Ⅰ部　多様性と進化

第一章　熱帯アジアのチョウたち

――その多様性と保全――

1　チョウとの出会い

私は幼い頃から虫に興味をもち、学生時代はとくにチョウの採集に明け暮れていた。そのころ私は、今は亡き日浦勇氏（大阪市立自然史博物館）が指導されていた「昆虫団体研究会」に出入りし始め、同氏の影響で昆虫学の道に進もうと決心した。大学では、チョウの研究は趣味とし、本業の研究はハチ（天敵として応用上重要な寄生バチ）にするつもりだった。神戸大学の岩田久仁雄先生のご紹介で九州大学農学部の大学院に進学することとなり、ホソハネヤドリコバチというウンカ・ヨコバイの卵に寄生する世界最小級のサイズの寄生バチの分類学的研究を始めた。しかし、その後、思いもかけず、チョウの権威である白水隆先生のおられた九州大学教養部生物教室の研究スタッフとして採用され、チョウの研究に正面から取り組むことができるようになった。

私が白水先生からいただいた研究テーマは、キチョウ属の分類学的な研究であった。これは、おそらく読者もよく目にしている、黄色い翅の地色に黒い縁取りをもつ単調ながら印象深い可憐なチョウのグループである。この仲間は、日本にもキチョウなど四種が産するが、キチョウ属全体は、東洋区（動物地理区の一つで、インドからインドシナ半島、南中国、台湾、琉球列島、マレー半島を経て、ボルネオ、スマトラ、ジャワ、フィリピン、スラウェシまでの島嶼を含む熱帯地域）や新熱帯区（動物地理区の一つで、南アメリカとメキシコ、西インド諸島を含む熱帯地域）を中心に汎熱帯的に分布するシロチョウ科の大群である。このテーマがきっかけとなり、私は、熱帯とくに東洋熱帯のチョウたちに関心をもち、分類、系統、生物地理、生活史などの研究に取り組んできた。今振り返ってみれば、私はこれまで、チョウ、とくに熱帯アジアのチョウに魅せられ、これをベースとして研究・教育活動をしてきたことになる。

2　チョウとは何か？

人々は古くからチョウの美しさに惹きつけられ、いつの時代も多くの愛好家やコレクター、アマチュア研究家が存在してきた。チョウは、昆虫の中で最もポピュラーな、種の解明度が最も高いグループの一つと言えよう。最近の生物多様性保全・自然保護の動きの中で、生物多様性の「指標グループ」としてチョウが注目されているのもこのためである。しかし、一方で、多様性研究のベースとなるチョウの「分類」については、もう既に「終わっている」と思っている人が少なくない。同定の手引きとなる図鑑類が整備され、一般にも容易に入手できるからであろうが、これはチョウの記載・命名がよく進んでいるという意味だけであって、「分類学」そのものは決して終わっていない。

昆虫は動物種の八〇％近くをしめ、地球上でもっとも多様でもっとも繁栄した群であるが、その中でチョウはガとともにチョウ目（鱗翅目）に含まれる。しかし、そもそもチョウとは何なのか、チョウとガはどう違うのか、という根本的な問題になると、未だ決定的な結論が出ていない。一般には、昼間活動すること（ガは夜行性）、先端がふくらむ棍棒状の触角を持つこと（ガは糸状か櫛葉状）、止まる時、背方で左右の翅をたたむこと（ガは開いたまま）、などでガと区別されるが、とくに、最近スコーブル博士（Scoble, 1986）によりシャクガモドキ科 Hedylidae もチョウであるという説が提出されて以来、分子（DNA）データも加わって、いよいよチョウの範囲を決める論議は複雑になってきた。ただし、チョウのグルーピングに関しては、アゲハチョウ、シロチョウ、シジミチョウ、タテハチョウ（マダラチョウ、テングチョウ、狭義のタテハチョウ、ジャノメチョウを含む）の少なくとも四つの科を含む「真性アゲハチョウ」が自然群として認められることは、今も昔も基本的には変わっていない。

3　熱帯アジアのチョウたち

東南アジアのチョウへの憧れ

私の主な研究対象である熱帯アジア（東南アジア）のチョウに話を戻そう。この地域では、十八世紀末からウォーレスをはじめ多くの欧米人が採集や調査を試み、研究を行ってきた。そして、我々日本の蝶類愛好家・研究者は、東南アジアのチョウと聞いただけで、一種の憧れと、熱い感情を抱いてしまう。まずは、アカエリトリバネチョウやマダラチョウ類などの大型・美麗のチョウたち、そして優雅なカザリシロチョウや宝石のようなシジミチョウ類が、熱帯雨林を背景に飛び交う様が目に浮かぶ。それに、ニューギニア特産で開いた翅の長さが二〇センチ以上と世界最大のアレキサンドラトリバネアゲハや、黄金の光沢をもつきらびやかなキシタアゲハ類、紫の幻光を放つワモンチョウや華麗なムラサキマダラ類など、我々の目を引くいでたちのチョウのほとんどが熱帯性の種である。さらに、飛翔中はハチのように見え長大な尾状突起をもつスソビキアゲハ属（写真1－1）、翅の裏面が木の葉そっく

写真 1 − 1　シロスソビキアゲハ *Lamproptera curius*（雄）の吸水（中国広東省石門台自然保護区にて）

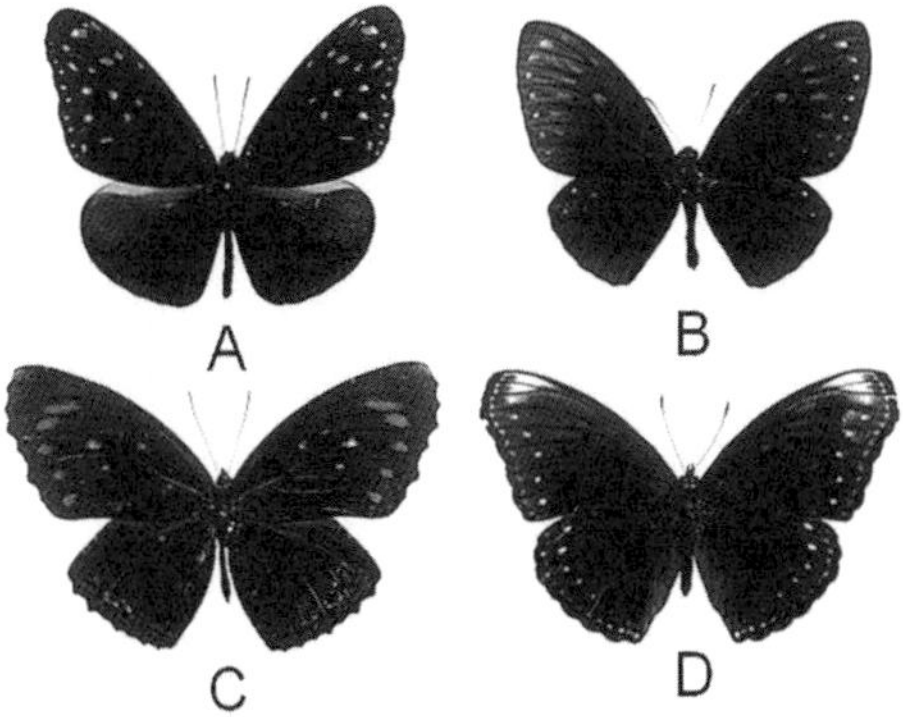

写真 1 − 2　擬態環。A：ツマムラサキマダラ（マダラチョウ亜科，タテハチョウ科）がモデル。B：ムラサキマネシアゲハ（アゲハチョウ科）。C：ムラサキマネシヒカゲ（ジャノメチョウ亜科，タテハチョウ科）。D：ヤエヤマムラサキ（タテハチョウ亜科，タテハチョウ科）。いずれの種もツマムラサキマダラと同所的に分布する擬態者

りのコノハチョウなど、変わった翅形をもつものもいる。また、熱帯性のチョウの外観で最も特徴的なのは、いわゆる擬態と関連した見事な翅形・斑紋の多様さであろう。ベニモンアゲハ、カザリシロチョウ、マダラチョウなどの毒蝶をモデルにして、マネシアゲハ、マネシシロチョウ、マネシジャノメなどの擬態種が様々な組み合わせで擬態関係を持ち、全体として擬態環と呼ばれる擬態グループを形成している（写真1-2）。

東南アジアのチョウの魅力はもちろん外観だけではない。本州より狭い面積のマレー半島に、日本の四倍近い一、〇〇八種が生息している、という種の著しい多様性はそれだけで十分魅力的で興味深い。そして、その種の多さゆえに未発見の種がまだ少なくないと容易に想像される。さらには、生態面では全く解明されていない種も多いというのだから、我々の東南アジアのチョウに対する思い入れは格別のものとならざるを得ないのである。

東南アジアのチョウの多様性

（1）特徴

ここで熱帯アジアと呼んでいるのは、いわゆる東南アジアからニューギニアにかけての熱帯〜亜熱帯の地域である。その中核をなす地域は、東南アジアないし東洋区であるが、この

表1－1　世界のチョウの種数（Robbins, 1982より）

地域/科	アゲハ	シロ	タテハ*	シジミ	真性アゲハ	セセリ	チョウ全体
旧北区	93	161	722	392	1,368		
オーストラリア区	74	174	323	446	1,017	750–900**	5,582–6,135**
東洋区	**141–165**	**145–168**	**878–1,021**	**1,286–1,496**	**2,450–2,850**		
熱帯アフリカ区	87	146	1,103	1,380	2,716	423–580	3,150–3,225***
新北区	35	63	202	171	471		
アンチル諸島	22	50	97	32	201	1,838–2,206	7,175–8,860
新熱帯区	169	347	1,850–2,500	2,300–3,000	4,675–6,000		
全世界	621–645	1,086–1,105	5,175–5,975	6,000–6,900	12,900–14,600	3,000–3,600	15,900–18,225

* 広義のタテハチョウ科（マダラ，ジャノメ，テングなどの各科を含む）

** オーストラリア区＋東洋区

*** 最近の研究では，総数は3,606種と増加している（Ackery, Smith & Vane-Wright, 1994）。

東南アジア地域には一体どのくらいの種が生息しているのだろうか。ロビンス博士（Robbins, 1982）による世界のチョウの種数の見積もり（表1－1）を参考に、その後発見された種を加えて東南アジア（東洋区に含まれる）のチョウの総種数をはじき出すと、約三、五〇〇種となる。熱帯地域に種数が多いのは一般的な傾向であるが、種数だけでいけば、新熱帯区の方が多い。種密度についても、マレー半島とパナマとの比較からみて新熱帯区の方が一般にはより高いといえるだろう。

しかし、東南アジアのチョウの多様性には他の熱帯には見られない独特のものがある。これは、一つには、東南アジアがアフリカや南米のような大きな一つの陸塊ではなくて、きわめて多数の島嶼いわゆる多海島からなるということ、そしてそれらの多海島が四つのプレートのぶつかり合いによる複雑な地殻変動を通して生じた島嶼地域であるということ、またもう一つには、おもにインドシナ半島を通じて歴史の古いユーラシア大陸あるいはオーストラリア大陸とほぼ連続的な動植物の交流があったし、現在もあるという点に由来するのであろう。これらの地質学上の条件が、生物の地理的隔離による種分化を促し、他の熱帯にはない独特の種の多様性を生み出したと考えられる。

汎熱帯的に分布するいくつかの属、たとえば、キチョウ属 *Eurema* を取り上げてみよう。世界にある四つの熱帯地域、つまり熱帯アフリカ区、東洋区、オーストラリア区、新熱帯区の総種数は、それぞれ、五、二五、八、四〇となり、新熱帯区がもっとも多い。しかし、それらの種に含まれる亜種の総数を比較すると、おおよそ一二、一三五、二九、七〇で、一種あたりの亜種の数は、二・四、五・四、三・六、一・八となり、地理的フォームの出現頻度は東洋区がもっとも高いことになる。もちろん、各種の研究レベルも同一とはいえないが、同様な傾向はやはり汎世界的な分布を示すトガリシロチョウ属 *Appias* でも見られる。私のキチョウ属の分類学的研究でも明らかなように、東南アジアには地理的隔離による種分化がきわめて頻繁に起こっており、その結果、いわゆる地理的分化による異所種が多い。新熱帯区のキチョウ属において同所種が多いのと対照的である。

（2）多様性の解明

さきほど、東南アジアのチョウの種数を約三、五〇〇種とのべたが、実は、チョウですらその正確な種数を確定できないのが現状である。毎年何十、何百種という新種や新亜種が記載され続けているし、分類学的モノグラフなどまとまった研究が発表されると、これまで一種とされていたものに差異が見いだされて別種にされるなど、種数が増加する傾向にあるからである。ましてチョウ以外の小昆虫類の多くは分類がほとんど進んでいないといっていい。考えられる理由はいくつかあるが、第一に、ほとんどの国、とくに熱帯の国々で、深刻な分類学者不足という問題を抱えていること、第二に、種の記載に最も適した場所にあるこれらの国々で、こうした仕事に振り向けられる優先順位が低く、種の記載という基礎分野のための予算が乏しいということ、第三に、これまでに記載された種のタイプ標本のほとんどが欧米の博物館に所蔵されており、熱帯の国々の分類学者達にこれらを利用する機会が少なく、また、身近に同定済みの標本を参照する博物館などの施設もほとんどないこと、などが挙げられる。

もともと、このような昆虫の種の記載、地域ごとのカタログの作成といった仕業は、分類学者の任務であった。しかし、基礎分野が軽視されがちな中で分類学が世界的に低調なため分類学者が大幅に不足し、これが多様性の解明を遅らせている。ただし、チョウに関して言えば、必ずしもそうではなく、とくにここ二十数年間の東南アジア地域のチョウ相解明の進展にはめざましいものがある。そして、それはもっぱらわが国および欧米のいわゆるアマチュア研究者たちが押し進めてきたといっても過言ではない。

（3）生物地理学の重要性

さて、生物多様性の解明に当たって、分類学とならんで重要な分野は、「生物地理学」という古くて新しい学問分野である。多様性解明にあたって、種の記載、地域ごとのカタログの作成が不可欠であることは、先に述べたが、このカタログの中で、種のリスト（どのような種が生息しているか）とともにそれぞれの分布域の記載（それらがどこに生息しているか）が重要である。ある地域の種のリストが完成したとしても、個々の種の分布域がともなわなければ、そのリストはあまり利用価値がない。まして、その地域の生物相が本当に解明されたとはいえない。そもそも生物地理学は、このような個々の生物の地理的分布の記載を基礎データとし、世界各地域の生物の多様性の由来に一定の規則性を見いだし、地理的分布を体系的にとらえようとしたことから始まった。分類学が生物を血縁的に体系化することをめざしたのに対し、生物地理学は生物を地縁的（地理的）に体系化することをめざしたといえよう。

とくに熱帯地域の生物相解明が急がれている今日、どの地域に多くの固有種が産するのか、どの地域により古い時代に分化した（原始的な）種が生息するのか、どの地域には二次的に侵入した種が多いのか、といった生物地理学と関連したさまざまな要請が生じている。これらに応えるために、生物地理学の成果もまた早急に蓄積されねばならない。これが、関心の高まっている熱帯の保全生物学にとっても不可欠の基礎的データとなるからである。

4　熱帯アジアのキチョウ属——多様性の具体例——

このような生物多様性の研究のベースとなる分類学、生物地理学などの基礎的研究の具体例として、私自身が長年手がけてきたチョウの一群であるキチョウ属 *Eurema* の系統分類学と生物地理学に関する研究の一端を紹介する。このグループは東南アジアを中心に熱帯アジアに広く分布する。

キチョウ属とは

キチョウ属はチョウ目シロチョウ科のモンキチョウ亜科に属する大群である。この属は、全世界の熱帯―亜熱帯に広く分布するチョウの代表で、その一部は温帯地域にも分布を広げており、日本の本州は本属の分布の北限になる。日本に定着するキチョウ属は、キチョウ、キタキチョウ（従来キチョウに含められてきたが最近別種として独立した）、タイワンキチョウ、ツマグロキチョウの四種のみであるが、熱帯アジアを中心とする旧世界からは計三四種を産する。

ところで、キチョウ属はシロチョウ科の中で、分類学的に最も難しい属の一つと見なされてきた。事実、本属の個々の種の分類については、かなりの混乱があった。一言で言えば、一つの種の中での変異（翅形・斑紋変異）がきわめて大きいのに、一方では種間の変異がたいへん小さいという点が、本属の分類を困難にしてきた主な理由である（写真1-3、1-4）。これらの変異の中で、本属の中でとくに顕著なのが季節的変異と地理的変異である。

写真 1-3　キチョウ類の変異（上段 3 個体はキタキチョウ，中・下段 6 個体はキチョウ）。同種内の季節的，地理的変異が著しい

写真 1-4　キチョウの酷似種（これら 9 個体はいずれもキチョウ，キタキチョウとは別種の *Terias* 亜属）。種間の類似が著しい

写真1－5　キタキチョウの季節的多型（左列：夏型，右列：秋型，上段が表，下段が裏面）（福岡産）

（1）季節的変異

わが国のキチョウ、キタキチョウ、ツマグロキチョウなどが季節によって斑紋がまるで別種のように変化する顕著な季節的変異を示すことはよく知られている。これらの種では、いずれも夏（雨期）型と秋（乾期）型をあらわす（写真1－5）。旧世界に産するキチョウ属三四種のうち一三種が季節的多型を示す。このような季節的多型は本属の種に広くみられるので、種の同定を行う場合、その特徴をよく知っておく必要がある。

これらの季節的多型は、私自身も福岡産のキタキチョウ（従来はキチョウ）とツマグロキチョウで実験的に確認し、また加藤義臣博士らの一連の研究によって詳しく調べられたように、おもに幼虫期の日長と温度によって影響を受ける。そして、短日のもとで生じた秋型では、翌春まで卵巣の発育が遅延し、成虫で休眠することが明らかになっている。

（2）地理的変異

東南アジア産のチョウ一般に見られるように、キチョウ属の種も無数の島嶼の隔離作用によって生じたと考えられる地理的変異が著しい。そして、本属の分類を困難にしているのは、地理的変異と季節的変異が複雑に交錯しているためである。材料が豊富に得られる日本産キチョウ属各種の地域個体群の変異を詳しく調べた結果、私はつぎのような結論を得た。

日本から中国、スンダランド、小スンダ、ニューギニアを経てオーストラリアまでの地域から亜種として記載された大部分の地域個体群は、南北つまり緯度の傾斜に沿って徐々に変化するクライン的変異を示すのである。このことは、キチョウの雄の標本を北から順に並べ、それぞれの地域個体群ごとに典型的な雨期型から典型的な乾期型まで季節的変異を比べてみるとよく分かる。つまり、前翅外縁の黒帯の幅が連続的漸次変化（グラデント）を示し、日本産とマレー半島産という両極端の型も連続的な地域個体群によってつながってしまう。しかし、全体としてはクラインを示しながらも、すでに亜種分化、種分化を起こしている場合もある。事実、加藤義臣博士らによって少なくとも日本本土を中心としたいわゆるキ

写真1－6　キタキチョウ（左）とキチョウ。いずれも秋型（雌）。これらの2種は長年キチョウ単一種として扱われてきた。キタキチョウ：福岡産（福田治氏撮影），キチョウ：石垣島産

タキチョウは、沖縄以南に分布するキチョウとは別種であることが明らかになった（写真1－6）（加藤・矢田、二〇〇五）。

このような、緯度に沿ったクライン的変異に対して、ミンダナオ、スラウェシをはじめとするウォーレシア地域の個体群では、変異の様相が一変する。つまり、ウォーレシア地域からパプア地域においては、キチョウの個体群はたんに乾期型のみならず、雨期型においても互いにかなり異なる。この地域においては、各々の個体群が地色や翅斑などにユニークな特徴を持っていて、それはクライン的変異ではない。たとえば、ミンダナオ、スラウェシ、ペレン、ニューギニア、ニアスなどの個体群はたいへん特異な外観をしている。これらの地域が多くの

古い島々からなり、地殻変動や海水面の上下変動による地史的変遷を経ているため、この地域の個体群は地理的隔離の影響を強く受けていることは疑いない。そして、このような豊かな変異こそ、キチョウ属の多様化の土台となってきたのであろう。

キチョウ属の系統発生

このように変異の実体を把握することによって、種の輪郭もかなり明確になった。アジア・アフリカ産の種を三四種一七〇亜種にまとめたのはこのような変異の検討と雌雄交尾器をはじめとする比較形態学的検討に基づいた結果である。このうち、ツマグロキチョウを含む四種以外は、すべてテリアス *Terias* 亜属（キチョウなどを含む系統的にまとまった一群）である。このテリアス亜属について、分岐学的解析法に基づいて得られた分岐図を示す（図1－1）。

私は以前にこの系統関係に基づいて、とくにテリアス亜属の生物地理について論議したことがある。しかし、その後、分子情報が利用可能となり、新たな系統の再構成が必要となってきた。そこで、九州大学の小田切顕一博士の協力を得て、ミトコンドリアＤＮＡのＣＯＩ領域の遺伝子塩基配列に基づいて、キチョウ属一二種の系統関係を推定し、従来の形態に基

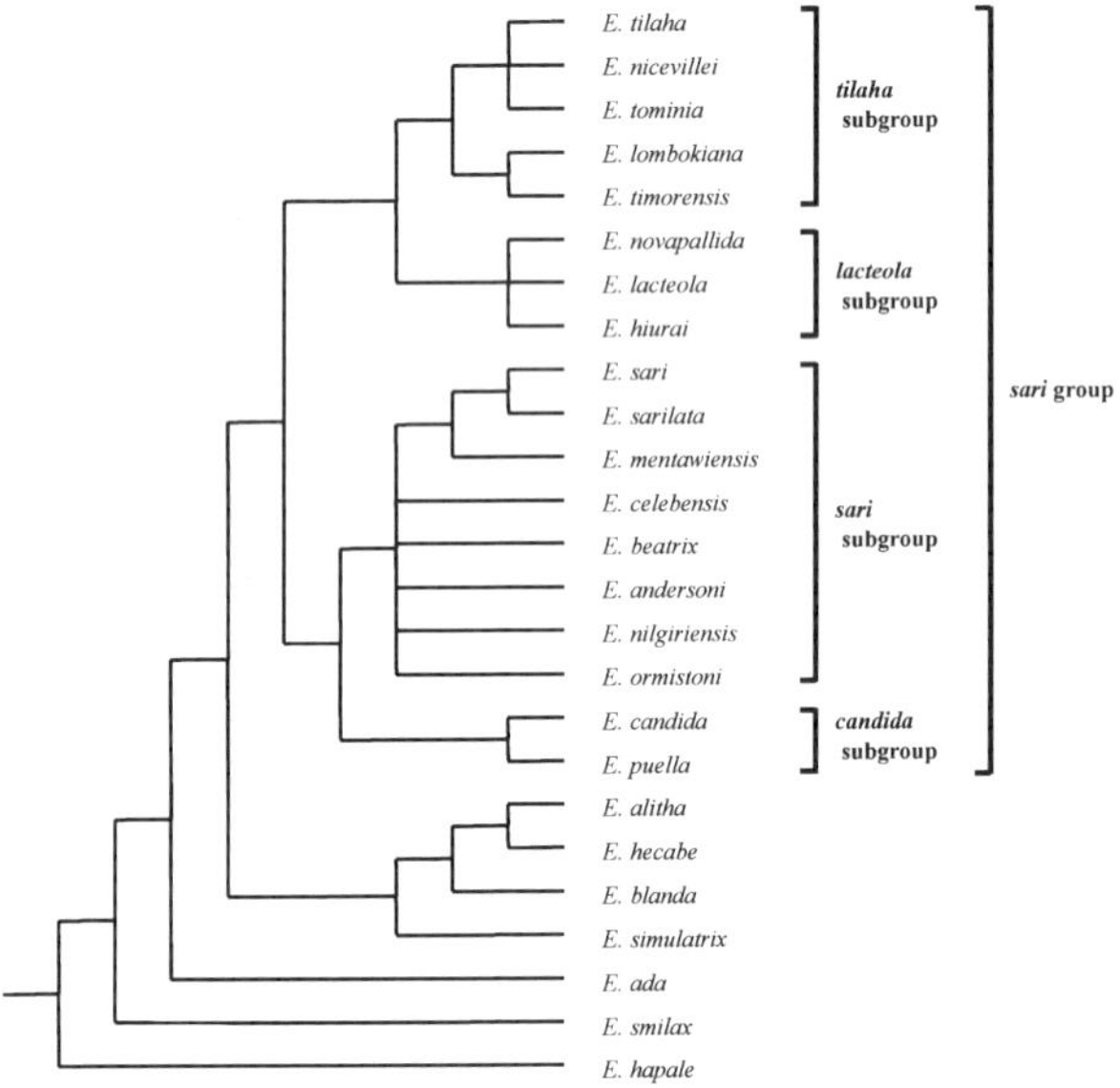

図 1－1　キチョウ属テリアス *Terias* 亜属 25 種の成虫形態に基づく系統関係（分岐図）。Yata（1989）の 118 の形態形質に基づいて最節約法を用いて系統解析を行い，得られた厳密合意樹を示した（Odagiri & Yata, 2005 より）

写真１－７　アトグロキチョウ *tilaha* 亜群の５種
A : *E. tominia* ; B : *E. tilaha* ; C : *E. nicevillei* ;
D : *E. lombokiana* ; E : *E. timorensis*

づく結果と比較検討した。

（１）熱帯アジア産アトグロキチョウ *tilaha* 亜群の系統と生物地理（歴史的生物地理）

その中で、とくに単系統性の明確なアトグロキチョウ *tilaha* 亜群（写真１－７）の場合について紹介する。このグループはスンダランドから小スンダ及びチモールに分布し、五種からなる。つまり、ティラハ *tilaha* はジャワとバリ島、ニセビレイ *nicevillei* はマレー半島、スマトラ、ボルネオ、トミニア *tominia* はボルネオとセレベス、ロンボッキアナ *lombokiana* は小スンダ、チモーレンシス *timorensis* はチモールに分布する。このように、これらの種は明確な異所的分布を示す。ただし、ボルネオ（とくに北部）においてのみニセビレイ *nicevillei* の分布域がトミニア

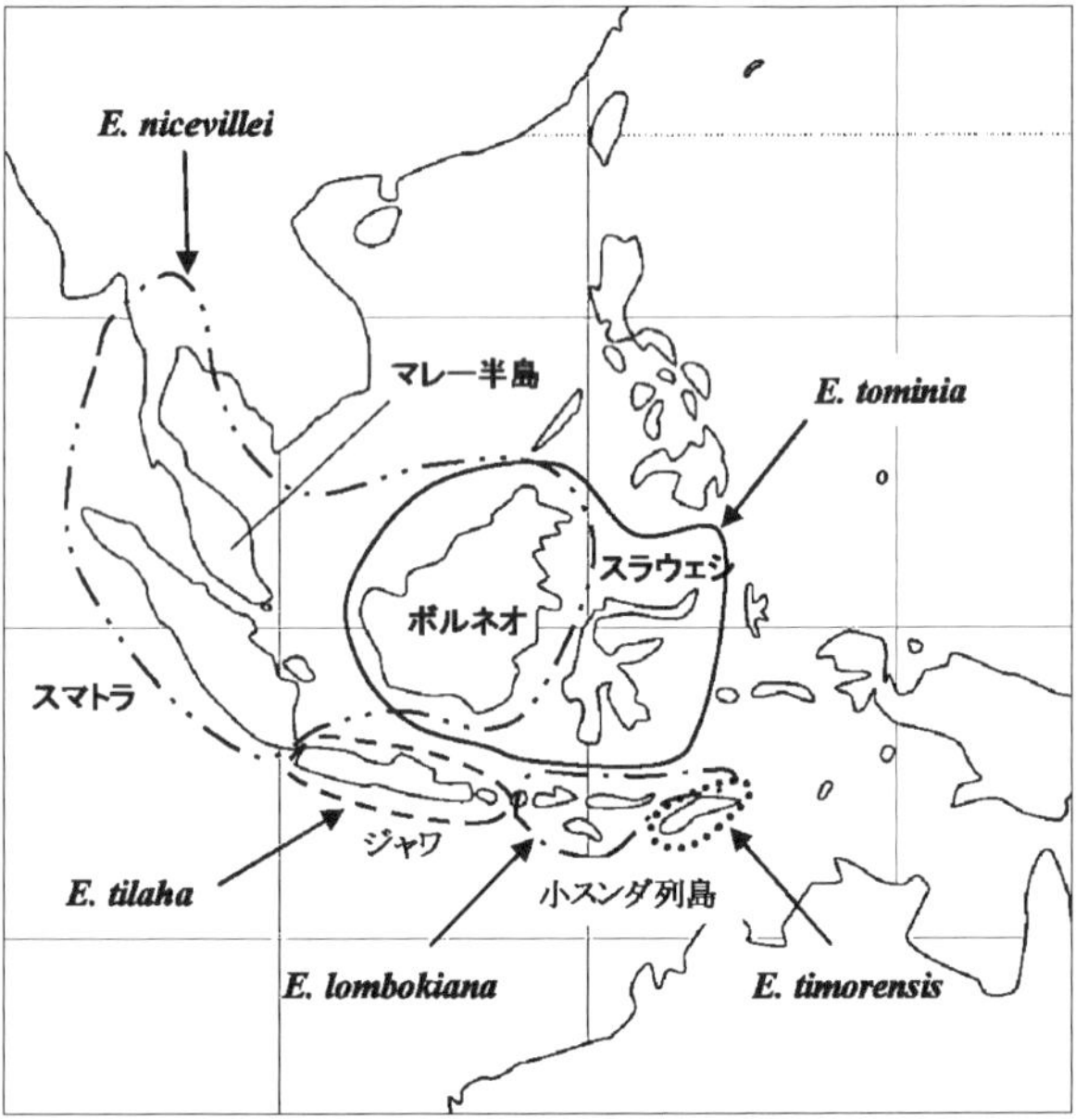

図１－２　アトグロキチョウ *tilaha* 亜群５種の分布。基本的に異所的分布を示すが，ボルネオ（とくに北部）のみにおいて分布が重なる

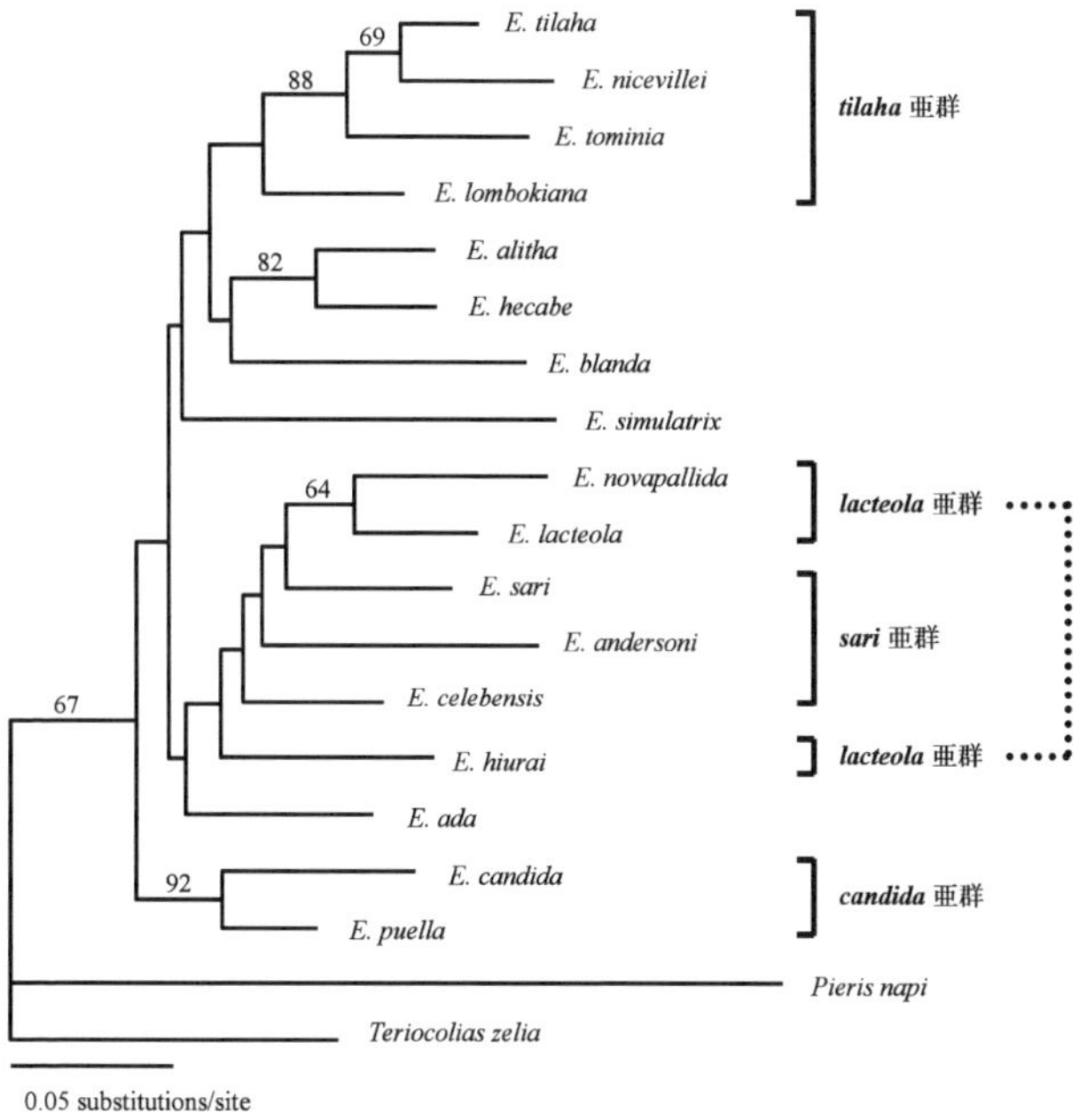

図 1－3　ミトコンドリアの COI および ND 5 遺伝子塩基配列に基づく熱帯アジア産キチョウ属 17 種の系統関係

tominia と重なる（図1－2）。本亜群は、形態形質によって明確な単系統群であることが示されていたが、ミトコンドリアDNAの分子情報からもこのグループが単系統群であり、また種間の関係も形態による結果とほぼ一致した（図1－3）。このような結果から、テリアス亜属のサリ *sari* 群は、基本的には地理的隔離に基づく異所的種分化によって種分化を起こしたと推定された。また、ボルネオ（とくに北部）におけるニセビレイ *nicevillei* とトミニア *tominia* との分布の重なりは、トミニア *tominia* がスラウェシから二次的にボルネオに分散して定着したと考えるのが自然である。

（2）キチョウ群（*hecabe* グループ）の場合

一方、キチョウ *hecabe* 群は旧世界の熱帯～亜熱帯に広く分布し、多くの種は一般に個体数が多く、いわゆる普通種で人家周辺などのオープンランドが主要な生息環境である。また、本群の大部分の種は広分布型で、同所的あるいはほとんどそれに近い分布を示す。しかし、最近の研究では、本群中もっとも広範な分布をもつキチョウでは、南西諸島付近で食性や気候への適応に基づく種分化が起こったと推定され、この結果から従来一種とされてきたキチョウが二種（キタキチョウとキチョウ）に分割されることとなった（加藤・矢田、二〇〇五）。これらの二種は沖縄～台湾にかけてしばしば同所的に分布する。私自身も沖縄那覇市内の末吉公園で同じ日に両種を観察した。熱帯性のキチョウが日本という高緯度に分布を広げ定着するためには、やはり食物と気候への適応が大きな課題の一つだったに違いない。キチョウは、季節的多型、成虫休眠性の獲得によって高緯度地域の気候への適応を行い、また、ハギ類（とくにメドハギ）など北日本に広く豊富にある食草への寄主転換を行って、日本本土への定着を成し遂げたと考えられる。

以上のような、キチョウ属の系統と生物地理についてひとつの作業仮説をたててみると、東南アジア島嶼で隔離による多様化を進めるとともに、中国大陸や台湾～南西諸島を伝って熱帯から亜熱帯を経て温帯地域へ分布を拡大した。そして、その間に気候適応と寄主（食草）転換を起こして、キチョウのようについには新しい種（キタキチョウ）への分化を果たした、という道筋が浮かび上がってくる。なお、このキチョウ、キタキチョウの問題については、ごく最近『昆虫と自然』（二〇〇六年四月増大号、四一巻五号）誌上で組まれた「キチョウの生物学」という特集の中で詳しく論議されているので興味のある方は参照されたい。

私の熱帯アジアを中心としたキチョウ属の分類学的研究（Yata, 1989）は、分類学のみならず、応用昆虫学関係者（東洋熱帯諸国の森林局など）、生態学者、行動生理学の分野の研究者からも関心をもっていただいた。とくに加藤義臣博士らが進めているキチョウの多型、種分化に関する一連の興味深い研究には、その礎の一部として役立ったのではないかと思っている。私のこの分類学的研究（レビジョン）は、現地調査や欧米の博物館を巡っての材料収集、英文による記載（各種の交尾器の解剖図などの変異を含む）、系統解析といった地道で根気のいる仕事の連続であったが、今になって多少ともその努力が報われたようで一人満足している。

5　熱帯アジアのチョウの保全

さて、ここに紹介したキチョウ属など熱帯アジアのチョウたちもまた、いま深刻な生存の危機にさらされている。他の生物同様、熱帯林の消滅がその主な原因ではあるが、植林や農地への転換の方法にも大きな問題点があることは周知のとおりである。チョウの保全に関しては、イギリスをはじめ欧米各国、そしてわが国でも自国のチョウを守るための研究、保全活動がさかんになされているが、東南アジアのチョウに関してはまだまだ遅れているのが現状である。しかし、言うまでもなく、熱帯の生物多様性とその保全こそ、地球規模の環境問題の最重要課題の一つとして位置づけられている。これまで一般に論議されている意見をベースにして、熱帯アジアのチョウの保全という観点から次のような方策が進められている。

① 目録（インベントリー）作成と分布図の作成
② 分類学的・生物地理学的基礎研究（系統解析、DNA分析とフォーナ（動物相）の比較を含む）
③ レッドデータブックの作成
④ 生活史をはじめとする生態学的基礎研究
⑤ モニタリング
⑥ 増殖、再導入事業
⑦ 保護区の設定とハビタートの管理（農林業との関連を含む）
⑧ 取引・採集の規制
⑨ 普及・教育（同定書、カラーガイドブックの出版）

これらのうち、私はこれまで、①〜⑤、⑨について多少なりとも関わってきたが、ここでは、とくに①についてとりあげたい。

目録作成と分布図の作成

これらの取り組みの中で、もっとも基礎的かつ重要で緊急性の高いのが、種の目録（インベントリー）の作成である。なぜなら、熱帯における生物多様性の保全、とくに持続可能な利用と、そのコストの見積もりも、これがなくては進められないからである。どんな種がどこにどのくらい生息するのかがわかれば、そこの自然の多様性がだいたい把握できる、といってもよいであろう。ここでいう目録とはそれぞれの地域の生物種の学名（属名、種名、命名者、命名年）が通常分類群順に一覧表の形でまとめられたものである。一見、単純で簡単そうにみえる目録作成であるが、実際自分で、どこかの熱帯地域（たとえば、海南島、ボルネオ、スラウェシなど）を取り上げて、あるグループの目録を作成したことのある人はその大変さを実感しているはずである。熱帯アジアでは昆虫などその概要すら把握できないのが普通である。その中にあって、チョウは目録作成が最も容易に実現可能なグループといえる。

実際、諸外国ではすでにその重要性は認識されており、チョウの目録作成のプロジェクトも早くから進行している。北部に熱帯地域を含むオーストラリアでは最も早くからこの作業に着手し、チョウを含む鱗翅目全体の分類カタログをコンピュータから検索できるようになっている。ほぼ同様の方式で、イギリスの大英自然史博物館が世界規模の鱗翅類の目録作成とこれに付随した分布、生活史などの諸情報をデータベース化しようと遠大な計画を立てて作業を始めている。同博物館では世界中のチョウに関する文献に基づいてこのデータベースを作成しているが、この際、わが国の図鑑『東南アジア島嶼の蝶』（塚田悦造編）シリーズが重要な情報源として利用されている。すでに、アゲハチョウ科については全種の最新の目録と分布図のデータベースが完成しており、さらにこのデータベースには幼生期、食性など生態的な基礎情報が逐次追加されつつある。

科学研究費プロジェクト「熱帯アジアの昆虫インベントリー」（TAIIV）

実は、さきほどの方策①と深い関連のある研究プロジェクトが二〇〇一年から始まった「熱帯アジアの昆虫インベントリー」である（ただし、二〇〇一年は企画調査）。これまで、分類学に振り向けられる助成金は規模も小さく個人的レベルのものが大部分であったが、生物多様性の解明、保全の重要性が浸透するにつれ、分類学者自身もかなり大きな助成金を獲得できるチャンスがでてきた。そのうちの一例として、私も関わることとなった科学研究費プロジェクト「熱帯アジア産昆虫類のインベントリー作成と国際ネットワークの構築」（二

○○一～二○○四年度）“Network construction for the establishment of insect inventory in Tropical Asia”（通称「熱帯アジアの昆虫インベントリー」（TAIIV））について概要を紹介させていただく。

（1）目的と方法

このプロジェクトの第一の目的は、東南アジア地域におけるハイレベルな昆虫インベントリーの作成である。とくにチョウなど指標性の高いグループのインベントリー作成をまず進める。第二は、インベントリー作成のための基礎となる東南アジア各国の体系だったコレクション、とくに同定ラベルのついたまとまった標本からなるレファレンスコレクションを集めその管理を行うことである。第三は、チョウ類など比較的同定の容易な指標グループをえらび、各地の代表的な調査サイトにおいてモニタリングの基礎データをとり、今後のインベントリー作成事業を補完することである。第四は、これらの諸目的を達成するために、東南アジア各国のカウンターパートや研究者たちとの間に恒常的な国際的ネットワークを構築し、各国の研究者、研究機関と共同研究を行うことである。

本プロジェクトにおける海外調査は、東南アジア地域を広くカバーし、それぞれの地域間のネットワーク化をめざしたものであるので、一ヵ所の調査地に集中するのでなく、カウンターパートの確立した各国（中国南部、台湾、タイ、ベトナム、ラオス、マレーシア、インドネシアなど）を訪れ、インベントリー作成、コレクションの整備、モニタリングの試行などを同時並行的に行うこととした。マレーシア・サラワク州の林冠生物調査のように、ランビル国立公園への一点集中型の調査はもちろん重要であるが、私など分類学をやっている者は動物地理区単位の調査をまず優先することになる。実際、この広範調査は指標グループや鍵となる種をざっとサンプリングし、迅速なインベントリー作成とモニタリングに適しているとされている。

（2）経過

さて、本プロジェクトは、本書の執筆者の多くを含む約二〇名の日本人昆虫分類学者が中心となり、ほぼ同数の海外研究協力者が参加している。これまでに行った本プロジェクトの経過、成果について簡単にふれたい。本プロジェクトが四年間ほどで実施した野外調査は九ヵ国二〇地点に及ぶ（図1－4）。これらの調査・研究の成果は、本プロジェクトの成果報告書をはじめ『昆虫と自然』誌上などで適宜紹介してきたので詳しくはそちらを参照されたい（矢田、二〇〇三、二〇〇五）。

私自身は、中国南部の広東省や海南省を訪れ、チョウのインベントリー調査に取り組んで

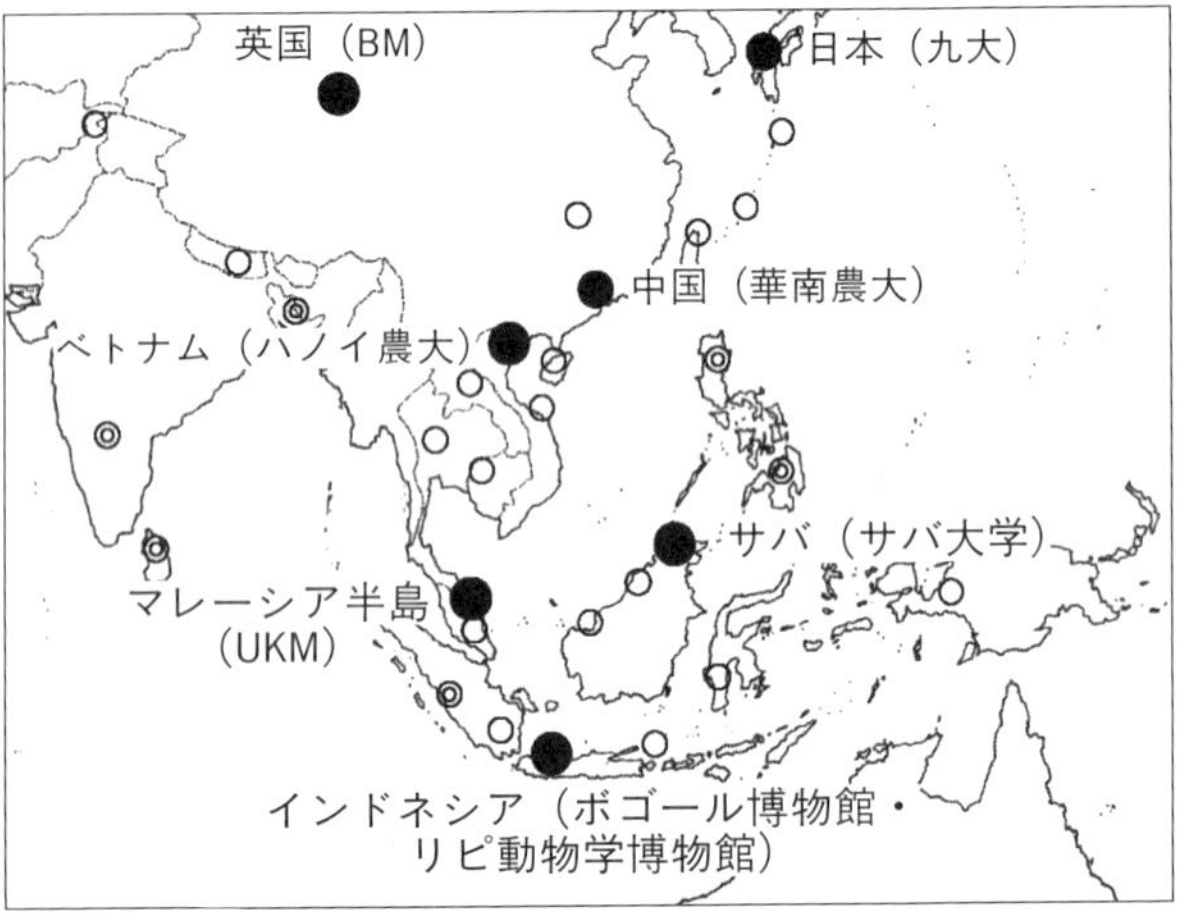

図1－4　熱帯アジアの昆虫インベントリープロジェクトTAIIVにおけるネットワーク（2001～04年度）。大きな●は拠点となるカウンターパート研究機関，小さな○は調査実施地，◎は調査予定地

きた（矢田、二〇〇五）。海南島（写真1－8）で得られた採集品には未記録と考えられる種が多数含まれており、新知見も多く見いだされつつある。例えば、今回得られたキチョウ属は七種に整理されるが、本属だけでもその七種のうち四種までが海南島特産の亜種となる。シロチョウ科全体では、海南島特産の種こそ見いだされていないが、特産亜種となると実に半数近くの一四種がこの島特産である。このように、目下、調査資料に基づくチョウを中心とした昆虫類のインベントリー作成作業は

写真1－8　海南島の尖峰嶺自然保護区（2004年5月）

着々と進んでおり、まもなく新タクサ（分類群）の記載とともに次々と公表されることになっている。

（3）TAIIV国際シンポジウム

二〇〇四年十二月、福岡において、本プロジェクトの第一期目の三年間（二〇〇二～二〇〇四年）の研究成果を持ち寄ってTAIIV国際シンポジウムを開催した。本プロジェクトの分担者、研究協力者（約三〇名）の参加はもとより、海外共同研究者である熱帯アジア各国の昆虫分類学者五名と本プロジェクトのアドバイザーである大英自然史博物館のディック・ベンライト氏（Mr. Dick I. Vane-Wright）とキャンベル・スミス氏（Mr. Campbell R. Smith）を招待した。ベンライト氏は同博物館で長年チョウの分類学、進化学の

写真1－9　TAIIV国際シンポジウムにおいて講演する大英自然史博物館のVane-Wright氏（九州大学国際研究交流プラザ，2004年12月12日）

研究を行ってきたまさに世界の第一人者である。同氏は、生物多様性の保全に共通する理念的な部分を丁寧に説明されるとともに、その具体例としてスリランカにおけるアゲハチョウ科がその地域の生物多様性の指標（代理物）としてたいへん有効であることを示された（写真1－9）（Vane-Wright, 2005）。このシンポジウムは日本昆虫学会、日本鱗翅学会それぞれの九州支部との共催となったこともあり、国内の海外若手研究者を含む計八〇名以上の参加者を得て会場からの発言も多い活発なシンポジウムとなった。その中には、日本国内に留学しているアジア各国の留学生たちも少なからず駆けつけてくれた。このようなメンバーが一堂に会し、討論を通して交流を深めたことは本研究プロジェクトにとってたいへん有意義であったと同時に、私個人にも望外の喜びであった。

（4）これからの展望

本プロジェクトは、現在第二期目に入っており、少なくとも二〇〇八年までは継続が保証されている。とはいえ、それまでに熱帯アジアの昆虫インベントリーが完成するとは、とても思えない。一番調査が進んでいるチョウでさえ一〇年単位の事業である。しかし、昆虫のインベントリー作成を目指す研究者のグループは各国に必要であるし、それを組織し、ネットワーク化する仕事は、日本が買って出るべきことだと思う。この仕事の道のりは長く様々な困難も予想される。しかし、実際に作業を始めてここ四年間ほど、各国の研究者が総じて積極的であり、共同調査や共同研究がスムースに進みつつあることに勇気づけられている。

以前のように標本収奪型ではなく、今は対等なパートナーシップ型の共同研究・調査が当然の時代である。実際、無限とも思える東南アジアの昆虫類の多様性を知れば知るほど、当時者国側が主体的になってくれることが完全なインベントリー作成への早道だと思う。タイ、マレーシア、インドネシアでは、大学、博物館が充実してきており、現在では現地の研究者が主体的に（自前の予算を獲得して）調査を行いコレクションの蓄積・管理を行いつつある。とはいえ、定期的に我々が直接現地を訪問し、野外調査やコレクションの管理をベースにして当地の研究者と交流することはやはり継続されなければならない。ウェブサイトやメールを通してのネットワークは有効であり不可欠ではあるが、やはり昆虫ネットを持って同じフィールドを駆け回り、情報や成果を分かちあう血のかよった関係が原点である。その中から、研究者同士の信頼関係も生まれ、ひいては、熱帯アジアの生物多様性の解明とその保全に向けての確実な前進が見られるに違いない。

（矢田　脩）

参考文献

Odagiri, K. & Yata, O. (2005) Phylogenetic relationships and biogeography of the *sari* group of Old World *Eurema* (Lepidoptera ; Pieridae) based on the mitochondrial COI and ND5 sequences, In Yata, O. (ed.) *Report on Insect Inventory Project in Tropic Asia (TAIIV)*, pp. 451-460.

Robbins, R.K. (1982) How many butterfly species?, *News of the Lepidopterist's Society* (3), pp. 40-41.

Vane-Wright, R. I. (2005) Conserving biodiversity : a structural challenge, Yata, O. (ed.) *Report on Insect Inventory Project in Tropic Asia (TAIIV)*, pp. 27-47.（本論文の日本語ダイジェスト版が『昆虫

と自然』41（1）、五―九頁に掲載されている。）

Yata, O. (1989) A revision of the Old World species of the genus *Eurema* Hübner (Lepidoptera, Pieridae) Part 1, *Bull. Kitakyushu Mus. Nat. Hist.*, (9), pp. 1-103.

Yata, O. (ed.) (2005) *A Report on Insect Inventory Project in Tropic Asia (TAIIV)*, "Network construction for the establishment of insect inventory in Tropic Asia (TAIIV)", The report of the Grant-in-Aid for Scientific Research Program (no. 14255016) (2001. 4 - 2005. 3) from JSPS. (「熱帯アジア産昆虫類のインベントリー作成と国際ネットワークの構築に関する研究　平成十四年度〜平成十六年度科学研究費補助金研究成果報告書」)

加藤義臣・矢田　脩（二〇〇五）「西南日本および台湾におけるキチョウ（鱗翅目、シロチョウ科）二型の地理的分布とその分類学的位置」*Trans. lipid. Soc. Japan* 56 (3), pp. 171-183.

矢田　脩（二〇〇三）「東南アジアの昆虫インベントリーと国際ネットワーク」『昆虫と自然』38（12）、六―九頁。

矢田　脩（二〇〇五）「中国海南島の昆虫相―昆虫インベントリープロジェクトTAIIVの一環として」『昆虫と自然』40（3）、四―九頁。

第二章　ハナバチたちのアジア

1　ハナバチ類は温帯に多様性が高いのだろうか

本章では、ハチの仲間のハナバチ類について、私の調査研究の最近の主なフィールドである中央アジア地域での話を進めていきたい。ハナバチ類といっても一般にはなじみの薄い昆虫かもしれない。しかし、その進化の頂点にはミツバチがあり、マルハナバチはハウスでのトマト栽培の花粉媒介者として、また外来昆虫問題でも注目をあびている。二〇〇六年から国連食糧農業機関（FAO）の音頭で、食糧増産の基礎資料としての世界のハナバチ類のカタログ作りが開始された。私はアジア地区を担当することになっているが、ハナバチ類は作物、果樹等の送粉（花粉媒介）に重要な役割を果たしている有用昆虫である。

ハナバチ類の雌は花からミツと花粉を集め（写真2－1）、主に地中に掘った巣室に花粉ダンゴとして貯え、その上に産卵する。ふ化した幼虫はこの栄養価の高い花粉ダンゴを食べて成長する。ハナバチ類は、雌バチの体毛の一部（後脚または腹部腹面）の毛が特殊な花粉採集毛となり、この毛に花粉を付着させて巣に運ぶ性質がある。また、口器の小顎と下唇の中舌が伸長して管状になり、ミツを吸収しやすくなっている。ハナバチ類はこの二つの適応的

写真2－1　バラに訪花するヒメハナバチの一種
Andrena carbonaria（カザフスタン）

な形質によって特徴づけられる。北はグリーンランドの北極圏内から、南は南米南端のフエゴ島まで広い分布を示し、垂直分布ではヒマラヤの五、〇〇〇メートルの高地からも記録がある。これまでに世界から約二万種が報告されている。

一般に生物の多様性は低緯度の熱帯地域が高いと言われている。実際ほとんどの生物では、高中緯度から低緯度に向かって種多様度が増加し、緯度傾斜が認められている。しかし、その逆に熱帯地域では種多様度が低く、温帯地域の方が高い生物群も存在する。その例としてヒメバチ科など寄生性のハチ類やアブラムシ類があり、これらは寄主選好性が強く、寄主である他の昆虫類や植物の種多様度が高い熱帯地域では、寄主を発見しにくいという不利な条件が働いているといわれる。ハナバチ類についても、熱帯より温帯、特に温帯の乾燥地域に種多様度が高いと言われてきた(Michener, 1979, 2000, 他)。その理由として、Michenerはハナバチ類の起源をゴンドワナ大陸西部(アフリカおよび南米)の内陸乾燥地帯に求め、その進化と種分化は主として温帯または暖帯でもっとも広範囲に行われてきたためであろうと説明している。さらに生態的には、大部分のハナバチ類が地中営巣性であり、熱帯に繁栄している捕食性のアリ類の攻撃や、湿潤な熱帯土壌環境でのカビ類の発生等が、熱帯でのハナバチ類の生存に不利な条件として考えられている。熱帯で最も繁栄しているハナバチ類はミツバチ属、ハリナシバチ属、クマバチ属などであり、これらはハナバチ類の中でも数少ない地上営巣性のグループであることを考えると、そのような理由も一理あるといえよう。

ハナバチ類は温帯の乾燥地域に本当に多様性が高いのであろうか。これまで記録されている世界の主な地域のハナバチ類の種数を見てみると、乾燥したイベリア半島のスペインでは一、〇四三種、北米カリフォルニアでは一、九八五種、メキシコでは約一、八〇〇種、一方中米の熱帯コスタリカではわずかに三五三種の記録があるにすぎない。これまで私はヨーロッパの主要な博物館でハナバチ類の標本コレクションをたびたび見てきたが、スペイン、ギリシャ、トルコなど旧北区の温帯乾燥地域で採集された標本が非常に多く、強く印象に残っている。現在日本からは六科三三属四一七種のハナバチが知られ、種数はそれほど多くはない。西南日本ではハナバチ類の出現時期は春と秋の二つのピークに分かれ、特に春に集中する。私は学生時代に、春のピークに合わせ九州鹿児島を三月中旬に出発し、六月中旬に北海道最北端の稚内までたどり着く約三ヵ月の日本縦断の採集旅行を二回行った。大学に職を得てからは、平嶋義宏教授のもとで主に東アジアを中心にハナバチ類の研究をしてきた。朝鮮半島を手始めに、中国東北部から中国北西部のシルクロード地域へと研究フィールドを進めてきた。温帯乾燥地域にハナバチ類が多いということを自分自身で確認する意味でも、私が湿潤アジアから乾燥アジアへ進出して行ったのは当然のなりゆきであったかもしれない。この間、幸い研究代表者として、二回の海外学術調査を実施することができ、中国西安から新疆ウイグル自治区へ続くシルクロードの河西回廊を経て、念願の中央アジアへと足を踏み入れることができたのである。

2　私と中央アジアとの出合い

私の手もとにスウェーデンの著明な探検家ヘディンが一九〇六年と一九二三年にチベットとシルクロードの探検先から彼の父と妹あてに出した二通の手紙（写真2-2）がある。ヘディンは中央アジア、チベット、中国新疆ウイグル自治区にかけて十九世紀後半から二十世紀前半に数多くの探検を行い、特に一八九三〜一八九七年にはウラルからパミール、チベット高原を越え、北京までアジア大陸を横断している。『中央アジア探検記』（一八九八）、『ゴビ砂漠横断記』（一九三一）、『チベット探検記』（一九三四、一九三六）など多くの書物を残している。私はエベレストを含む初期のヒマラヤ登山隊がキャンプ地から出したエンタイヤと呼ばれる封筒類を熱心に集め、ヒマラヤ郵便史コレクションを趣味の一つとしてきた。そのヒマラヤ趣味の副産物として、中央アジアやシルクロードの探検隊のエンタイヤも集めるようになり、ヘディンの手紙に出合うことになったのである。

そのようなわけで、一般には知られることの少なかった中央アジア地域に、私は専門のハナバチ類のフィールド研究の到達地としても、趣味の面からも、ともに比較的早くから関心

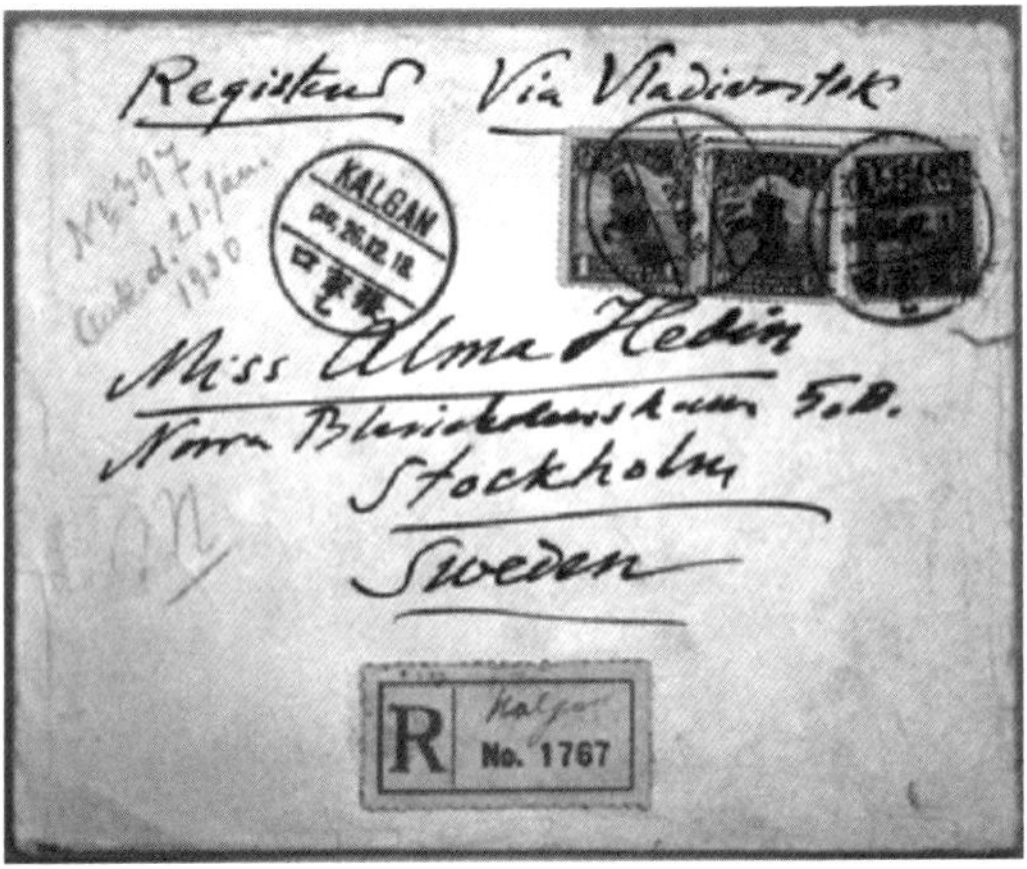

写真 2－2　スウェーデンの探検家ヘディンがシルクロードの探検中に妹に出した手紙

を抱いていた。一九九二年に北京で国際昆虫学会が開催された折、学会後のツアーで西安に寄り、市のシンボルである大雁塔の最上階に登り、三蔵法師の旅した西方のはるかなシルクロードに思いをはせた。しかし、その当時は後に自ら中央アジアに調査に出かけようとは思ってもみなかった。それが一〇年後に現実のものとなり、二〇〇四年の調査ではかつて中央アジアの探検隊や蒙古の軍勢のキャンプ地だったというキジルクム（赤い砂漠）の Plain North の丘（写真2－3）で数日キャンプを張った。案内をしてくれたカザフスタン科学院動物学研究所のヤシェンコ博士によれば、日本人としては我々が初めてその地に足を踏み

写真2－3　キジルクム（赤い砂漠）のPlain Northの丘

入れただろうと言われ、感慨もひとしおであった。

中央アジア（図2－1）と言われる地域は、古くはトルキスタンと呼ばれた地域で、中国北西部の新疆ウイグル自治区からカスピ海を経てトルコに至る、文字通りユーラシア大陸中央部の広大な地域を指している。東はゴビやタクラマカンの砂漠、東南部には天山山脈が東西に走り、南はパミール高原を経てカラコルム、ヒマラヤにつながる。中央部にはアラル海、カスピ海の大湖のほか、シルダリア、アムダリアの二大河が流れる。この地域では、時には交易、時には征服や戦争という形で東西の交流が行われてきた。今日シルクロードと呼ばれる交流路は大きく三つ知られており、そのうち「海の道」

図 2－1　中央アジアとその周辺国の地図

を除く草原の「ステップルート」とオアシスを結ぶ「オアシスルート」の二つがこの中央アジアを東西に走っていた。「ステップルート」は、中国北部の草原地帯からモンゴル高原を通り、アルタイ山脈、ジュンガル盆地、カザフ草原を経て、アラル海、カスピ海の北辺を抜け、南ロシアの草原地帯へ抜けるルートで、ここを舞台に様々な遊牧騎馬民族が興亡を繰り返してきた。「オアシスルート」は、中継貿易によって繁栄した内陸アジアの多くのオアシス都市国家を結び、狭義のシルクロードはこちらのルートを指している。

旧ソ連崩壊後は、中央アジア地域は多くの国に分かれ、カスピ海の東側にはカザフスタン、キルギスタン、タジキスタン、ウズベキスタン、トルクメニスタン（国名の下のスタンは、○○人の住む国の意）の五ヵ国と、カスピ海の西、黒海との間には、アゼルバイジャン、アルメニア、グルジアのコーカサス三ヵ国が独立した。現在中央アジアの南側は、アフガタニスタン、イラン、イラクなど政情の不安定な国々が多いが、それに比べれば比較的安定している。しかし、二〇〇五年に入ってから、キルギスタンでの無血クーデターによる大統領の交替、ウズベキスタンでの暴動と鎮圧等々、中央アジアからも血なまぐさいニュースが飛びこんできている。

3　半砂漠化現象とハナバチ類の重要性

北京から飛行機に乗り西を目指すと、シルクロード沿いに新疆ウイグル自治区に入り、タクラマカンの広大な砂漠の上を飛ぶようになる。一見生物は存在しないかに見える不毛の世界がはてしなく続く。この地域は気候的にはほとんどが極度な乾燥地域で、温暖湿潤な黒海沿岸とカスピ海南部の一部の地域を除くと、ステップ気候か砂漠気候が大半を占める。夏は暑く冬は非常に寒い典型的な大陸性気候を示すのが特色で、春や秋は一ヵ月足らずで通りすぎてしまう。日較差も大きく、我々がカザフスタン南部の砂漠で六月にキャンプを張った時でさえ、日中は四〇度を超え、逆に日の出前には五度くらいにさがり、テントの中で寒さに震えたものである。

　現在地球規模で半砂漠化現象が進んでいる。砂漠化防止条約（一九九四）によれば、半砂漠化とは「乾燥、半乾燥および乾性半湿潤地域において、気候変動（旱魃など）や人間活動を含むさまざまな要因によって起こる土地の劣化」と定義される。もともと砂漠であった地域は、人間がどのように手を入れても耕作地に変えることはできない。国連環境計画による土壌劣化の分類によれば、軽度、中度、強度、極度の四段階があり、中度の地域では農業生産が著しく低下し、強度の地域ではもとの植生がかなり失われ、地形的な変化がはじまっているため、農地を確保するには土木工事が必要とされる。耕作地に変えることができるのは、もともと砂漠ではなかった地域で、人間の過耕作、過放牧、過伐採等の人為的ミスにより、半砂漠化した地域である。年々このような半砂漠化地域が世界的に増大し、人間の生活圏が奪われてきている。

　現在半砂漠化地域では緑化のためのさまざまな取り組みが行われ、たとえば日本からも多数のボランティアが中国に出かけて植林事業を行ってきている。こうした緑化運動では、植物を植えることのみに事業の関心が置かれがちである。しかし、半砂漠地域の植物の送粉には、ハナバチ類が大きな役割を担っており、その重要性を忘れてはならない。どのような半砂漠地域の植物にどのようなハナバチがどの季節に訪花するか、植物ごとの主要な送粉ハナバチは何か、どのような場所に営巣しその営巣構造はどのようであるか等々、こうした送粉を行うハナバチ類の基礎的な情報がアジアの半砂漠地帯ではこれまでほとんどないと言って過言ではなかった。

4　中央アジアでのハナバチ類研究史と予備調査

私が中央アジアでのハナバチ類の調査を思い立った時、この地域で今までどのような探検調査が行われてきたのかをまず調べてみることにした。驚くべきことに基本的には十九世紀に書かれた一冊の書物と近年散発的に書かれたわずかな報告しかないことがわかった。ロシアの若き探検家フェチェンコ（一八四四〜一八七三）（写真2－4）は一八六九年から一八七一年まで三年、計三回にわたって、サマルカンドから東の現在のウズベキスタン、タジキスタン、キルギスタン西部、カザフスタン南部を踏破し、膨大な昆虫標本を採集してロシアに持ち帰った。その探検で精力を費やしたのか、フェチェンコは中央アジアから戻って二年後には二十九歳の若さで亡くなっている。だが、探検の成果は昆虫の専門家達の手により

写真2－4　中央アジアを探検し昆虫相解明の基礎を築いたロシアの探検家フェチェンコ

『フェチェンコのトルキスタン探検』（一八七六）と題して彼の死後、二巻の大著となって発刊された。この本は現在本家のロシアでも第一巻はモスクワに、第二巻はサンクトペテルブルクに各一冊しか存在しないと言われるたいへんな希少本になってしまった。私は以前からなんとかハナバチ類の載っている第二巻のコピーを手に入れたいと思っていたが、二〇〇五年にサンクトペテルブルクにあるロシア科学院動物学研究所訪問の際にようやく実物を見ることができ、幸いコピーもとることができた。

　この第二巻の中には、モラヴィッツという人物が三〇三ページにわたってハナバチ類三六属四三八種を中央アジアから記録し、その大部分を新種として記載している。モラヴィッツは、サンクトペテルブルク在住の医者であったがアマチュア昆虫研究者としても優れた才能を発揮し、後にロシア昆虫学会の創立者の一人に加わっている。彼は、中央アジアのほか、コーカサス、モンゴル、シベリアなどからもハナバチを記録しているが、彼の記載した新種は現在でも大多数が有効であり、研究者として高い評価を受けている。しかし、この原典はコピーでさえも入手難ということで、中央アジアのハナバチ類の研究を志した私にとっては大きな障害となっていた。

十九世紀のモラヴィッツの後に中央アジアのハナバチ類を扱った研究者は非常に少ない。私が専門にしているヒメハナバチ科ヒメハナバチ属についていえば、先年亡くなったウクライナ・キエフの女性研究者オシニウクほか数名のロシアの研究者のみである。彼らも遠く離れた中央アジアに自ら足を運んで採集したのではなく、調査隊が持ち帰ったわずかな標本をもとに、散発的に中央アジアのハナバチ類について報告しているだけである。

私は一九九六年と一九九七年にヨーロッパでのハナバチ類の研究のメッカであるオーストリアに計五ヵ月滞在した。ちょうど中国シルクロード地域での野外調査が一段落した後だったこともあって、リンツ自然史博物館のグーセンライトナー（ヒメハナバチ科の専門家）や、シュバルツ（寄生性ハナバチ類の専門家）、エブメル（コハナバチ科の専門家）ら友人達に、自分はこれから中央アジアの調査をやりたいのだという話をたびたびしていた。当時はソ連が崩壊し、中央アジアの国々が独立して調査に入りやすい状況が生まれていた。彼らも中央アジアに関心があって、口にはださなかったがどちらが先に未開の中央アジアに手をつけるか、ひそかに模索していた時代であった。

前述のロシアの探検家フェチェンコの探検経路図を見ると、現在のウズベキスタンが中心で、そこから名馬の産地として知られるフェルガナを通りキルギスタンとタジキスタンの山岳地帯に入っている。カザフスタンについてはキルギスタンとの国境沿いの南部の一部地域に限られ、ハナバチ類研究の未開の地と言ってよかった。二〇〇〇年五月下旬、私は思いきって、私の研究室に留学してきた中国新疆ウイグル自治区出身のダウット君を道案内に、中国での海外調査にも参加してもらった鹿児島女子短期大学の幾留秀一教授を誘って、三人でカザフスタンのアルマティに出発した。まだ科学研究費もなく自費での予備調査であった。幸いダウット君の大学時代の友人がアルマティ市内で仕事をしており車を貸してくれて、キルギスタンのビシュケクとその近郊まで調査をすることができた。アルマティ市はロシア語で「リンゴの花咲く町」というのだそうだが、ちょうどそのリンゴの花が開花し、郊外のステップでは野生のセイヨウアブラナが一面に広がっていた。わずか一週間の滞在で、約三、〇〇〇個体のハナバチ類を採集できた。これは日本ならば一年分の採集量である。予想以上のハナバチ類の収穫に大喜びしたのはいうまでもない。

キルギスタンの調査を終わってアルマティに戻り、国立カザフスタン大学昆虫学研究室とカザフスタン科学院動物学研究所を表敬訪問した。動物学研究所では、その後の私達の学術調査で共同研究者となるヤシェンコ博士と出会うことになった。彼は英語が堪能で、外国とのプロジェクトの窓口となる「テーチス科学協会」を組織していた。専門は植物の根につくアブラムシ類の分類だが、近年「死の湖」として国際的に話題を集めているアラル海の生態に関する国際プロジェクトの現地リーダーとしても活躍していた。アラル海プロジェクトの関係で、日本訪問の経験も三回あるとのことだった。流暢な英語と片言の日本語を話し、今後の我々の調査になくてはならない人物と判断し、将来の協力を約束して帰国の途についた。

5　科学研究費での中央アジア・プロジェクト

二〇〇〇年の予備調査で、現地でのさまざまな情報を集め、また現地受け入れ研究者のめどもつき、私の頭の中で国際共同研究の構想が次第に熟してきた。年来の夢であった中央アジアのプロジェクトを開始すべく、二〇〇一年秋に科学研究費の申請書を日本学術振興会に提出した。幸いにも二〇〇二年から、海外学術調査「アジア乾燥地帯の砂漠化防止・緑化支援のための野生ハナバチ類の送粉に関する基礎研究」が採択されることになった。研究目的は、①半砂漠化地域での緑化植物に対する有力送粉昆虫類の探索、生息状況、送粉生態、営巣習性の調査、②アジア温帯乾燥地域産のハナバチ類の系統分類学的研究と分布調査、③有力送粉昆虫種の決定と営巣環境の評価である。

このプロジェクトでは、二〇〇二年から二〇〇四年までに計四回の現地調査を行い、また最終年度には二人の現地海外共同研究者を日本に招待して、研究取りまとめの会合や公開講演会を実施した。二〇〇二年八月から九月には中国新疆ウイグル自治区のジュンガル盆地とカザフスタン南部の山岳地帯、二〇〇三年五月から六月にかけてカザフスタン南部のステップ地帯、八月にキルギスタンとカザフスタン南部の山岳地帯、二〇〇四年四月から五月にはカザフスタン南部の三つの砂漠地帯に調査隊を派遣した。主な調査国となったカザフスタンでは動物学研究所に所属するカチェイエフ教授とヤシェンコ博士が共同研究者として調査に加わった。当初は中国新疆ウイグル自治区にも毎年調査隊を派遣する計画であったが、二〇〇三年に発生したＳＡＲＳの影響で、中国側の調査は一回になり、中国科学院動物学研究所の牛博士が二〇〇二年にウルムチ北部のジュンガル盆地の調査に参加したにとどまった。

二〇〇三年春と二〇〇四年はいずれも約一ヵ月間、砂漠の中や山岳地帯の河畔などでテントを張り、キャンプ生活をしながら調査をすることになった。幸い危険な目には遭わなかったが、夕方になると調査に同行したヤシェンコ博士はロシア製の銃を空に向かって撃ち、自分達の存在を周囲のオオカミをはじめとする野生動物に誇示していた。

先に述べたようにハナバチ類は乾燥地帯に多様性が高いと言われている。実際中央アジアの乾燥地帯でもそれが事実なのかどうか、私にはたいへん興味があった。予備調査を含めて五回の調査でのハナバチ類の採集数は約三万個体で、個体数に関しては膨大な数のハナバチが生息していることが明らかになった。最盛期に開花植物でスイーピング（すくい採り）をすると、一振りで一〇〇個体くらいのハナバチが網に入ることは稀ではなかった。最初の頃は日本での採集と同様、網に入ったハナバチを一個体ずつ毒ビンに入れていたが、それではとても間に合わない。網の中に毒ビンを持った手を入れると興奮したハチたちが容赦なく針で手を攻撃してくる。ハチの針は産卵管が変化したものであるから刺すのは雌だけだが、それでも一日に三〇回くらい刺されたこともあった。社会性昆虫であるミツバチは刺されると痛いが、他の野生ハナバチ類の毒は弱く、私の場合は刺されると少し赤くなり数日のかゆみ程度で終わってしまう。インドネシアのバリ島で大形のクマバチに刺されたことがあって、よほど痛むのかと思ったが体の割にたいしたことがなく拍子抜けした経験もある。それでもさすがに中央アジアでの調査では刺される数が多くなり、次の調査からは吸虫管に吸い込んで処理することになった。

採集したハナバチ類については現在分類学的研究を進めている。当然のことながら、日本には分布しない、見なれないハナバチの属も多数採集できた。*Melitturga*, *Comptopoeum*, *Dioxys*, *Melecta*, *Ammobates* 等々で、欧米の博物館では標本を見ているが実際に自分の手で採集したのは初めてで、興味深かった。ラベル付けは終わったがソーティングはまだ終わっていないので、ハナバチ類の構成ははっきりしたことは言えないが、最も多かったのはコハナバチ科、次にヒメハナバチ科である。多いであろうと予想していたミツバチ科マルハナバチ属は意外に少なかった。私の専門であるヒメハナバチ科ヒメハナバチ属に関しては七〇種が確認された。そのうち、既知種として同定が終わった種は三九種、残りの種は今後の研究を待ちたいが大部分が新種と思われる。十九世紀にフェチェンコの探検隊が採集した地域は主としてウズベキスタンであったが、今回の我々のカザフスタンとの共通種は比較的多かったと言えそうだ。

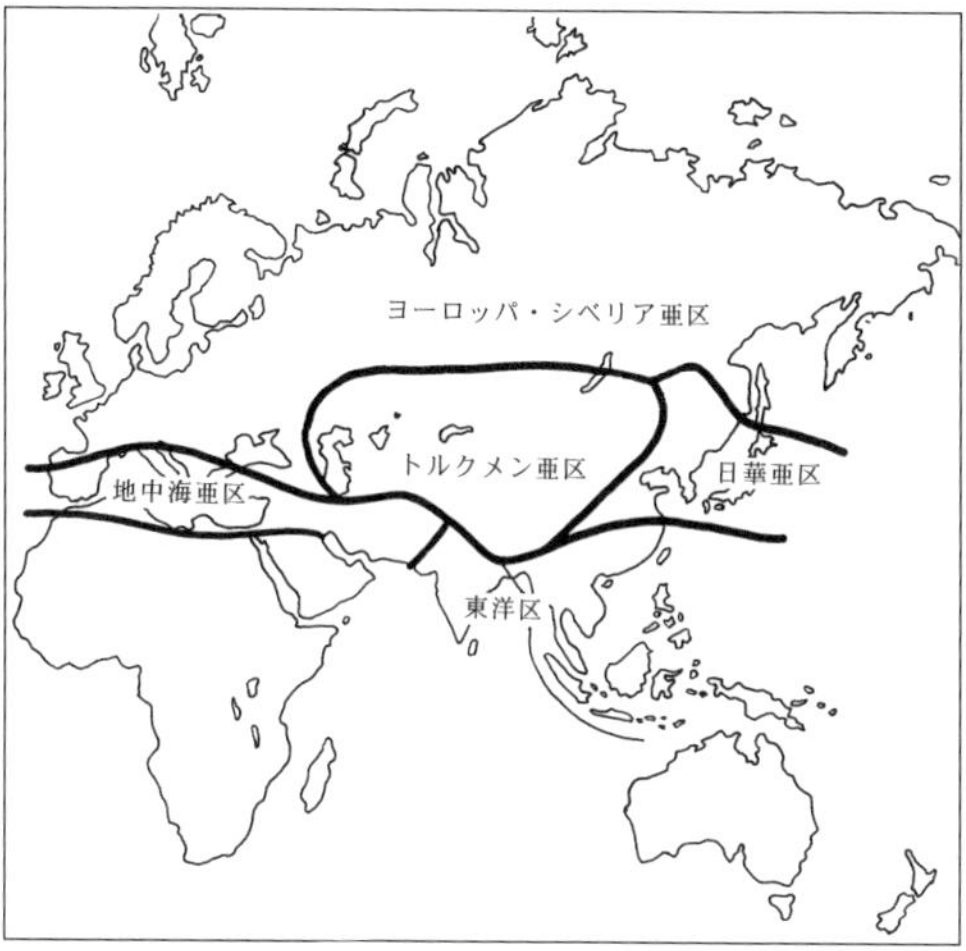

図 2－2　旧北区の 4 亜区（木元，1986 より改変）
（この亜区分は「はじめに」で示した区分とは異なる）

動物地理区からみると、おおまかに言ってユーラシア大陸の温帯地域は旧北区に属し、旧北区はさらに四つの亜区（図 2－2）に分かれる。日本の大部分は日華亜区に属し、その他に、ヨーロッパ・シベリア亜区、地中海亜区、トルクメン亜区がある。カスピ海から東側の中央アジアの中南部はトルクメン亜区に属し、中央アジア北部とカスピ海から黒海にかけてはヨーロッパ・シベリア亜区ということになっている。我々のプロジェクトの調査地域は、すべてトルクメン亜区に属していて、日ごろ目にする日華亜区の昆虫相とはかなり異なる。ヒメハナバチ科のヒメハナバチ属を例にとって、これまで記録されている中央アジア産の種の分布を調べてみた。前述のモラヴィッツは一八七六年に六八種を中央アジアから記録しているが、そのうちヨーロッパとの共通種は一七種で、五一種を新種として記載している。私はそのタイプ標本をロシア・サンクトペテルブルクの動物学研究所でほとんど調べてきた。現在ではコーカサスを含めて中央アジアから報告されているヒメハナバチ属の種は亜種も含めると、二四三種・亜種（十分研究されていないので同物異名が多く含まれていると思われる）である。その内訳は、ヨーロッパ・シベリア亜区型が四〇種（北欧・中欧～小アジア～コーカサス～中央アジア～東アジア、このうち東アジアまで分布する種は一三種）、地中海亜区型が三五種（南欧～北アフリカ～小アジア～アラビア半島北部～中央アジア）、地中海亜区型の変型と考えられる、中欧・東欧～小アジア～コーカサス～中央アジアの分布を示す種が二三種ある。一方、中央アジアにのみ分布するトルクメン亜区型は全体の六〇％、一四七種と圧倒的に多いのが特徴であった。そのうち最も多いのが、ウズベキスタンからのみ発見されている種で四三種、続いてトルクメニスタン産のみが三四種、二ヵ国以上が二一種、カザフスタン産のみが一七種、タジキスタン産のみが一五種、産地が特定できない中央アジア（トルキスタン）産のものが八種、コーカサス産のみが七種、キルギスタン産のみが二種となっている。これは前述のフェチェンコが主としてウズベキスタンで採集したために、現在でもその影響が残っていると考えている。このほか、特異な種としては、小アジア～コーカサス～中央アジア～東アジアの分布を示す種が一種あった。トルクメン亜区は現在のところ、東アジアとの共通種はかなり少ない。むしろヨーロッパ・シベリア亜区と地中海亜区の要素が多く含まれ、この地域の生物相を形成している。しかし、現在我々が進めている東アジアと中央アジアのハナバチ相の研究が進むにつれ、トルクメン亜区と日華亜区の関連がさらにはっきりとしてくるであろう。

6 ハナバチ類の営巣地の調査

中央アジアの春は短く四月から五月にかけて一斉にステップや砂漠の花が開き、その後は暑く長い夏となって一面の枯野原となる。しかし、この短い春には日本では見ることのできない雄大な光景を目にすることができる。砂漠に広がるヒナゲシの真っ赤な絨毯（口絵3）や、ステップに見渡す限り続くアブラナ類の白や黄色の草原などはその代表であろう。河や湖水周辺の湿度の高い場所には *Tamarix* 属の灌木がピンクの美しい花を咲かせ、砂漠の乾

写真 2－5　ハナバチ類の集団営巣地。壁には10種以上のハナバチの膨大な数の巣穴がみられる（カザフスタン，アルマティ郊外）

燥地には刺の多いマメ科灌木が繁茂する。しかし、六月中旬になると無数にいたハナバチ類は、花の開花終了とともにいつの間にか姿を消す。八月中下旬になると山岳地帯では再び秋の花が咲き始め、ハナバチ類の個体数は再び増加する。しかし、低地では花の開花も少なく、思ったほどハナバチの個体数は多くはない。

中央アジアではハナバチ類の個体数の多さにも驚かされたが、その巣が容易に発見できることにも驚嘆した（写真2－5）。ハナバチ類は前にも述べたように、大部分が地中に坑道を掘って巣を作る。日本ではこの巣は集団営巣地でもない限りなかなか見つかるものではない。長年ハナバチ類の生態を研究された北海道大学の故坂上昭一先生に、生前「ハナバチの巣を見つけるには何かコツがありますか」とお聞きしたことがあった。先生は「コツはありませんね。偶然としか言いようがありません」と言われたのを思い出す。日本では巣を発見できるのは、一年に数度あるかないか程度である。しかし、中央アジアの乾燥地帯では、これでもかというくらいに、ここにも、あそこにも、という具合に簡単にハナバチの巣が見つけられる。半砂漠地帯では多くの生物は暑さを逃れるために、地中に穴を掘って生活している。大きいものではキツネ、ネズミ、トカゲや陸棲のカメ類も穴の中に身を潜めている。昆虫ではアリジゴクの穴も比較的よく見かけた。ハナバチ類の巣穴は注意して地面を見ていれば簡単に発見できた。それだけハナバチの数が多いということでもあるし、乾燥してむき出しになった地面の穴は目立ちやすいことにもよるのであろう。ハナバチ類の研究者にとって、中央アジアは分類だけでなく生態の研究者にとっても非常に魅力的なフィールドである。今回のプロジェクトには島根大学の宮永龍一助教授に参加していただき、生態を担当してもらった。一ヵ所での滞在日数が少なく移動を続けながらのキャンプであったが、それでも合計一二種の巣を掘り、その巣の構造調査をしていただいた。順次論文として発表していく予定であるが、そのうちすでに発表したヒメハナバチ科の

写真2－6　新疆ウイグル自治区での新種のヒメハナバチ *Andrena almas* の営巣地の調査（Tadauchi *et al*., 2005）

新種 *Andrena* (*Euandrena*) *almas*（写真2－6）について少し紹介しておこう。本種の営巣地は、カザフスタンとの国境に近い中国新疆ウイグル自治区のジムナイで発見された。幹線道路に面した切り通しの崖地に巣が集中しており、営巣地の周辺には中国の代表的な砂漠植物であるキク科の *Chondrilla brevimotris* が群生していた。このヒメハナバチはこのキク科の花からのみ採餌を行っており、砂漠植物の有力な送粉ハナバチと思われた。発掘した巣は一〇巣で、そのうち完全に巣の構造を記録できたのは二巣であった。坑道は全長約一四～二〇センチメート

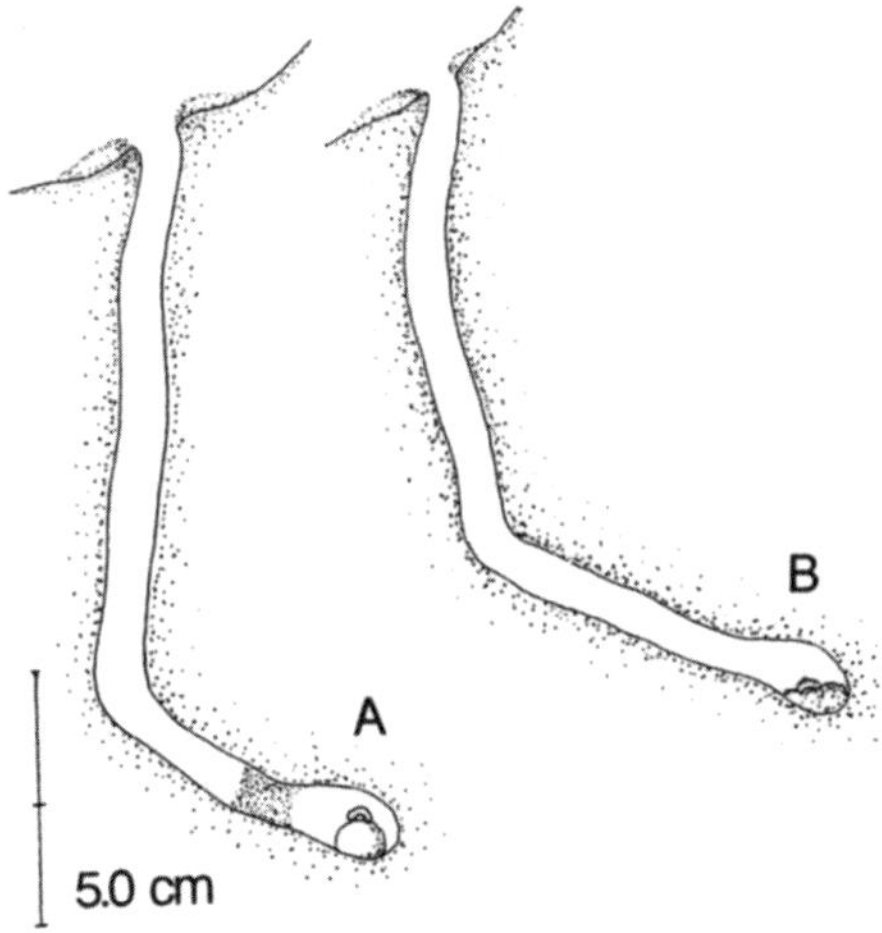

図 2－3　*Andrena almas* の巣の構造
(Tadauchi *et al*., 2005)

ルで、巣口からまず鉛直方向にほぼ垂直に、途中およそ一二〇度の角度で水平方向に屈曲し穿孔され、分岐坑は見られなかった。発掘を試みた巣からは、前蛹と蛹はみられなかったが、他のさまざまな発育ステージの幼虫、卵、そして貯食中の花粉を含む育房を見つけることができた（図2－3）。この調査では本種は一つの巣に一つの巣室を作る単育房制の種であることがわかったが、ヒメハナバチ科の種では、単育房制の巣は非常に珍しく、これまでに北米産の *Perdita maculigera maculipennis* で報告されているにすぎない。

しかもこれを報告した著者が、この報告は砂地で調査が難しく単育房制ではないかもしれないと注釈をつけている。従って、今回の発見は信頼できる最初のヒメハナバチ科の単育房巣の報告となった。

我々のプロジェクトは二〇〇五年三月に終わった。しかし、その後もカザフスタンとの交流は続いている。二〇〇五年七～九月には動物学研究所のカチェイエフ教授を学術振興会の短期招待プログラムで日本に招待し、また二〇〇五年十一月にはアルマティ市内でプロジェクト中に撮った写真を集めて日本カザフスタン合同写真展を日本大使館の後援で開催し、両国の友好に一役買うことができた。私の研究の進展を見て、ニューヨーク国立自然史博物館とオーストリア・リンツ自然史博物館は、所蔵している未整理の中央アジア産の大量のハナバチのコレクションを九州大学に送ってきた。かつてどちらが先に中央アジアに手をつけるかで先陣争いをしていたヨーロッパの研究者達も、我々のプロジェクトに一目おかざるを得ない状況になっている。

（多田内　修）

参考文献

Hedin, S. (1898) *Die geographisch-wissenschaftlichen Ergebnisse meiner Reisen in Zentralasien 1894-97.*（岩村忍訳（一九六六）『現代世界ノンフィクション全集一　中央アジア探検記』筑摩書房）

Hedin, S. (1930) *Riddles of the Gobi Desert.*（羽鳥重雄訳（一九六四）『ヘディン中央アジア探検紀行全集第六　ゴビ砂漠横断』白水社）

Hedin, S. (1934) *A Conquest of Tibet.*（鈴木武樹訳（一九七九）『ヘディン探検紀行全集四　チベットの冒険』白水社）

Michener, C. D. (1979) *Biogeography of the bees. Annals of the Missouri Botanical Garden*, 66, pp. 277-347.

Michener, C. D. (2000) *The Bees of the World*, The Johns Hopkins University Press.

Moravitz, F. (1876) Bienen (Mellifera), In: Fedtschenko, A. P., Reisen in Turkestan II, *Izv. Imp. Obshch. Ljubit. Estest. Antrop. Etnog*, 21.

Tadauchi, O., Miyanaga, R. & Dawut, A. (2005) A new species belonging to the subgenus *Euandrena* of the genus *Andrena* from Xinjiang Uygur, China with notes on nest structure (Hymenoptera, Andrenidae), *Esakia*, 45, pp. 9-17.

木元新作（一九八六）「世界の動物相と日本」桐谷圭治編『日本の昆虫』東海大学出版会、二―一四頁。

多田内　修（二〇〇五）科学研究費補助金研究成果報告書「アジア乾燥地帯の砂漠化防止緑化支援のための野生ハナバチ類の送粉に関する基礎研究」
http://konchudb.agr.agr.kyushu-u.ac.jp/silkroad/

第三章　アリたちのアジア

1　アリの分類

アリとはハチ目アリ科の昆虫の総称である。アジアの言語で「アリ」を表す言葉はたいてい短い。例えば韓国語では「ゲーミ」、中国語では「マーイー」、ベトナム語では「キイエン」、タイ語「モッ」、インドネシア語では「セムッ」、ベンガル語「ピップラ」などなど。これは身近な生き物として古くから認識されていたせいかもしれない。とにかく、アリの数の多さは圧倒的で、世界のアリ現存の個体数は10^{16}と見積もられている（Hoelldobler & Wilson, 1994）。その真偽はともかく、アリがなぜ繁栄したのかという問題は探究心をそそる。

私は卒論としてアリをテーマに与えられて以来、その分類学を中心に研究してきた。だから、まず、アジアのアリの話をする前に、アリ類の分類について、概要を述べておこう。昆虫の中でもアリ類が属するハチ目（膜翅目）は一二万種以上を含む大きなグループで、植物食であるハバチ類、他の昆虫類等に寄生する寄生バチ、花粉食であるハナバチ、捕食者であるアシナガバチなどが含まれている。アリ類はその中でもスズメバチ類に近縁とされていて、最近の体系ではスズメバチ上科の一グループとされている。同じく社会性であるシロア

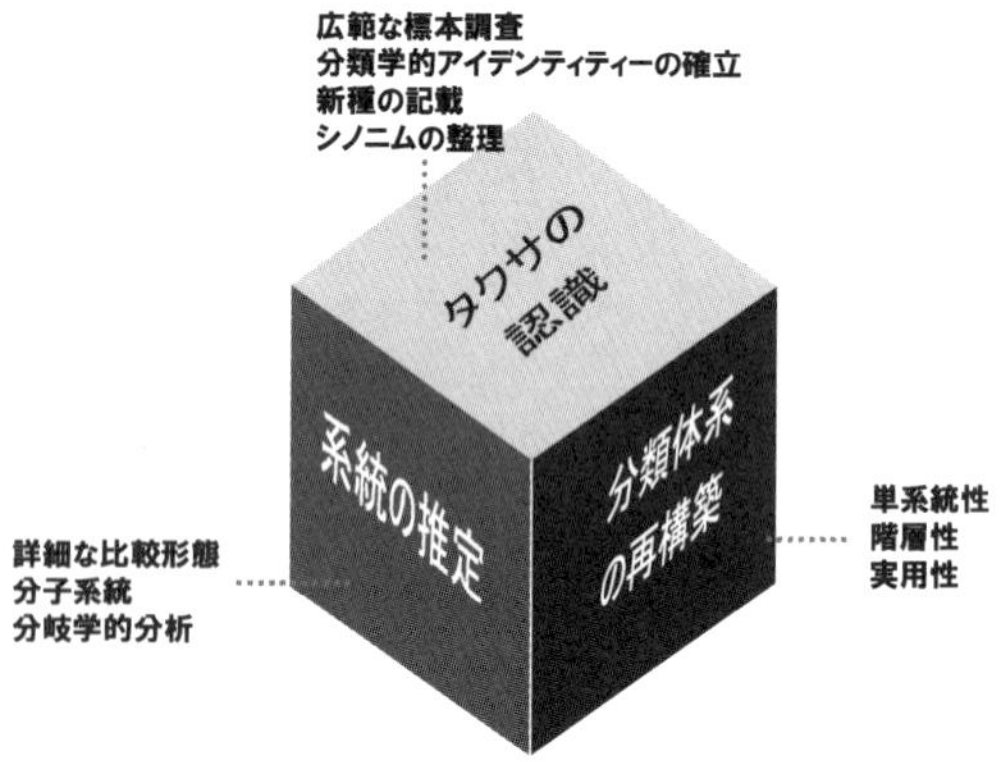

図３－１　分類学の３つの側面（馬渡，1996を改変）

りと一緒の仲間と思われがちだが、分類学的には目のレベルで異なっている。アリの社会的行動は見ているだけでも面白いが、形も変化に富み種の多様性にも富むグループでもある。その多様性を表現するためにも分類学は重要である。

そもそも分類学という学問は古くて地味という印象があるが、生物多様性の全体像を理解する手段として、なくてはならないものである。第一章では、チョウの分類が紹介されていたが、アリの分類はチョウ類以上に整備が遅れており、まだ多くの未記載種を抱えていると同時に、すでにある属や亜科という高次分類群も見直しが必要なものも残されている。分類学には「タクサとして認識する」、

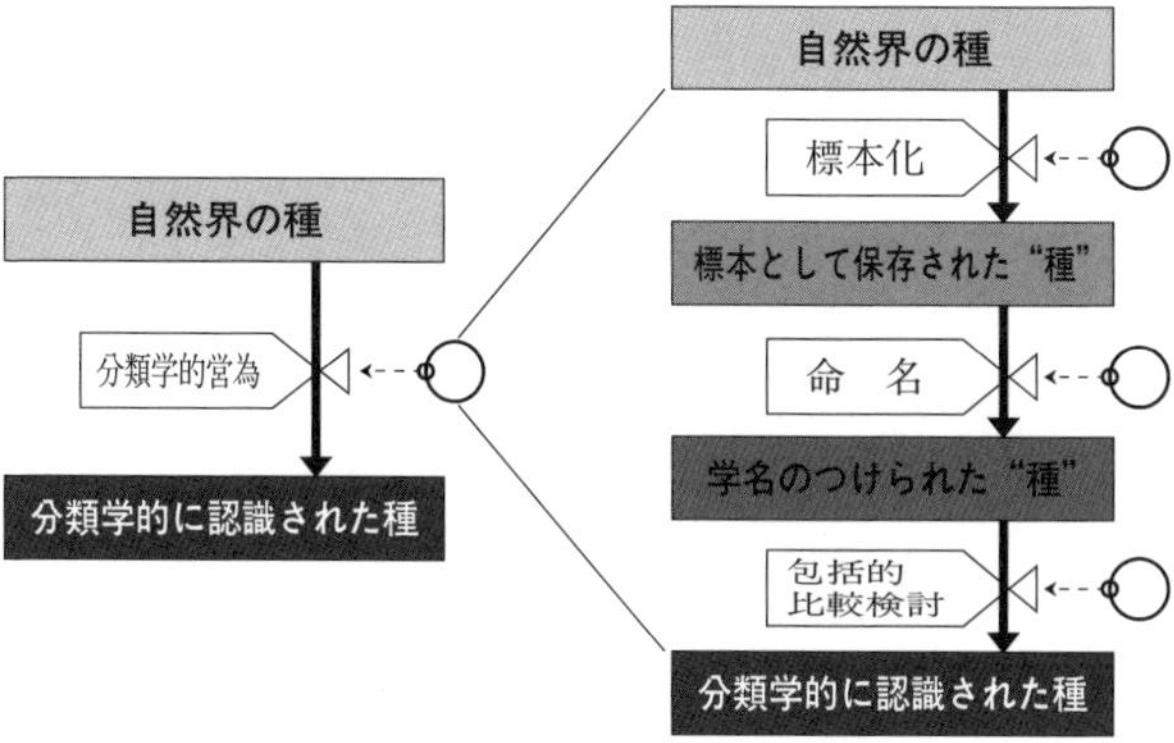

図 3 − 2　“種”が分類学的に認識されるまでのフロー
(Taylor, 1983 を改変)

「タクサ間の関係を探る」、「分類体系を構築する」という側面がある（図3‐1）。（それぞれを段階として位置づけることもある。）タクサというのは種や属などの分類群のことである（単数形はタクソン）。

「タクサとして認識する」部分は記載分類と呼ばれる。自然界に生存する「種」が生物学的に認識される「種」にいたるまでには、分類学的な研究が必要である。記載分類のフローを図3‐2に示した。すでに学名があるものにも問題があることがある。異なる研究者が、同じ種に異なる名前をつけていたり、正体のはっきりしないものもあるからだ。アリの分類が難しいと言われるのは分類学の包括的比較検討がなされていないからといってもよいだろう。このような状態を生み出した過去の歴史について、ブラウン（Brown, 2000）は次のように要約している。

「古い時代」の分類学、特に熱帯地域での植民地主義が華やかなりし頃は、ほとんど地域生物相の解明を目的に行われていた。キリスト教の伝道師や公務を帯びた者、その他の旅行者達による採集品は本国の専門家達へと送られたのである。当時の研究者達——例えば、フレデリック・スミス（Frederick Smith）、グスタフ・マイヤー（Gustav Mayr）、カルロ・エメリー（Carlo Emery）、オーギュスト・フォレル（Auguste Forel）——はこれらの標本に基づいて「誰々により熱帯のどこそこで採集された新しくかつほとんど知られていないアリについて」といったタイトルの論文を次々と公表していった。これらの論文には新種や新品種そして少なからぬ新属の記載があふれていた。当時の学者達の間では情報や標本の交換はほとんどなされていなかった。このやり方は多くのタクサについて混乱をひき起こした。エメリーは（アリ類の包括的な分類体系をまとめた）“Genera Insectorum”のなかで、当時までに記載されていたタクサをなんとか意味のある分類体系にまとめようと努力した。しかし、分断された植民地的-地域生物相的なアプローチから生み出されたシノニムその他の混乱は、特に多くの種を有する属ではなはだしく、効果的に同定やインベントリーを行おうとする努力を阻害し、無秩序に放置される状態ということになった。

この反省から、アリの分類学の論文は単一種を記載するスタイルから、属を単位とするレビジョン的な研究が主流となった。その結果、属レベルのシノニムが明らかとなり、エメリーの時代に比べると属の数はむしろ減っている（もちろん、新たな発見による新属もある）。レビジョン的研究を推進するためには、フィールドでの採集と同時に、欧米の博物館のコレクションを調査せざるをえない。なぜなら、タクソンの命名のもととなった標本はたいてい欧米の博物館その他の研究機関に保存されているからである。つまり、アジアのアリ類の分類を研究しようとすると、コレクションを収容するための十分なスペースと、欧米の研究機関の保存コレクションを調査するという膨大な労力を必要とする。

さて、「タクサ間の関係を探る」分類学では、近年、分岐分類学的分析と分子系統的手法が主流となっている。第一章ではチョウの分子系統が紹介されていたが、アリでも最近では一三九属についての分子系統樹がハーバード大学のグループによって発表された（Moreau

表 3－1　アリ科の分類体系（Bolton, 2000）。カッコ内の数字は属数，和名は緒方ら（2005）による

Formicomorph subfams. ヤマアリ型亜科群
Aneuretinae　ハリルリアリ亜科
Aneuretini ハリルリアリ族 (1)
Dolichoderinae　カタアリ亜科
Dolichoderini カタアリ族 (23)
Formicinae　ヤマアリ亜科
Lasiine tribe group ケアリ族群
Lasiini ケアリ族 (10)
Plagiolepidini ヒメキアリ族 (14)
Myrmoteratini ハンミョウアリ族 (1)
Gesomyrmecini ツリメアリ族 (2)
Myrmecorhynchini カドクチアリ族 (3)
Formicine tribe group ヤマアリ族群
Oecophyllini ツムギアリ族 (1)
Gigantiopini メダマハネアリ族 (1)
Camponotini オオアリ族 (8)
Notostigmatini ゴウシュウヤマアリ族 (1)
Formicini ヤマアリ族 (7)
Melophorini ゴウシュウオオアリ族 (1)

Myrmeciomorph subfams. キバハリアリ型亜科群
Myrmeciinae　キバハリアリ亜科
Myrmeciini キバハリアリ族 (1)
Prionomyrmecini コハクキバアリ族 (1)
Pseudomyrmecinae　クシフタフシアリ亜科
Pseudomyrmecini クシフタフシアリ族 (3)

Dorylomorph subfams. サスライアリ型亜科群
Cerapachyinae　クビレハリアリ亜科
Acanthostichini スエスキアリ族 (1)
Cylindromyrmecini ヒサシアリ族 (1)
Cerapachyini クビレハリアリ族 (3)
Ecitoninae　グンタイアリ亜科
Cheliomyrmecini ヒトフシグンタイアリ族 (1)
Ecitonini グンタイアリ族 (4)
Leptanilloidinae　クビレムカシアリ亜科
Leptanilloidini クビレムカシアリ族 (2)
Aenictinae　ヒメサスライアリ亜科
Aenictini ヒメサスライアリ族 (1)
Dorylinae　サスライアリ亜科
Dorylini サスライアリ族 (1)
Aenictogitoninae　ルイサスライアリ亜科
Aenictogitonini ルイサスライアリ族 (1)

Leptanillomorph subfams. ムカシアリ型亜科群
Apomyrminae　ハナレハリアリ亜科
Apomyrmini ハナレハリアリ族 (1)
Leptanillinae　ムカシアリ亜科
Anomalomyrmini ジュズフシアリ族 (2)
Leptanillini ムカシアリ族 (3)

Poneromorph subfams. ハリアリ型亜科群
Amblyoponinae　ノコギリハリアリ亜科
Amblyoponini ノコギリハリアリ族 (9)
Ponerinae　ハリアリ亜科
Ponerini ハリアリ族 (23)
Thaumatomyrmecini キッカイアリ族 (1)
Platythyreini ヒラバナハリアリ族 (1)
Ectatomminae　デコメハリアリ亜科
Ectatommini デコメハリアリ族 (3)
Typhlomyrmecini ハラビレハリアリ族 (1)
Heteroponerinae　チガイハリアリ亜科
Heteroponerini チガイハリアリ族 (3)
Paraponerinae　サシハリアリ亜科
Paraponerini サシハリアリ族 (1)
Proceratiinae　カギバラアリ亜科
Proceratiini カギバラアリ族 (2)
Probolomyrmecini ハナナガアリ族 (1)

Myrmicomorph subfams. フタフシアリ型亜科群
Agroecomyrmecinae　ジュウニンアリ亜科
Agroecomyrmecini ジュウニンアリ族 (1)
Myrmicinae　フタフシアリ亜科
Dacetine t.g. ウロコアリ族群
Basicerotini カクレウロコアリ族 (7)
Dacetini ウロコアリ族 (9)
Phalacromyrmecini オタフクアリ族 (3)
Cephalotine t.g. ナベブタアリ族群
Cataulacini カブトアリ族 (1)
Cephalotini ナベブタアリ族 (2)
Attine t.g. ハキリアリ族群
Attini ハキリアリ族 (13)
Blepharidattini ヘリヅラアリ族 (2)
Solenopsidine t.g. トフシアリ族群
Stenammini ナガアリ族 (19)
Solenopsidini トフシアリ族 (21)
Myrmicine t.g. クシケアリ族群
Myrmicini クシケアリ族 (7)
Tetramoriini シワアリ族 (6)
Pheidolini オオズアリ族 (10)
Lenomyrmecini ツルクチアリ族 (1)
Paratopulini ホソエアリ族 (1)
Formicoxenine t.g. キショクアリ族群
Crematogastrini シリアゲアリ族 (2)
Ankylomyrmini タマバラアリ族 (1)
Liomyrmecini フシビレアリ族 (1)
Meranoplini ヨロイアリ族 (1)
Myrmicariini ナナフシアリ族 (1)
Formicoxenini キショクアリ族 (23)
Stegomyrmecini カサアリ族 (1)
Myrmecinini カドフシアリ族 (4)
Metaponini ハナヅラアリ族 (1)
Melissotarsini ハチヅメアリ族 (2)

et al., 2006)。現生の属は二五〇以上あるのだが、彼らの研究結果は今後検証されるべき仮説として注目される。とはいえ、アリでは種間・属間の関係は未検討の部分が多い。現在、多くの研究者がこの問題に取り組んでいる。形態的形質もあなどれない。従来分類に用いられてきたのはハタラキアリの形質であったが、女王アリや雄アリにも系統を推定する手がかりがある。区別点としても、進化を知る手がかりとしても、形態の見直しや対象とされていなかった部分の再検討が図られている。

「分類体系を構築する」部分も最近では盛んである。アリ類の高次分類体系はエメリーやホイーラーによって枠組みが一九二〇年代に設定され、二十世紀の終わりには現生種は一三の亜科にまとめられていた。しかし最近、分岐分類学の浸透とともに、「単系統性」という概念に基づき、大幅な見直しがなされ、現在二一の亜科まで細分されている（表3-1）。分類群とは「単系統群」であるべきだ、という主張には異論もあるが、一つの祖先種から派生したすべてのメンバーを一つの分類群とするグルーピングは、進化を研究する上では説得力がある。この考えに基づくなら、かつてハリアリ亜科とされていたグループは単系統性に疑問があり、現在六つの亜科として独立して扱われている。とはいえ、系統的に近縁な亜科をとりまとめると、六つの亜科群として認識される。今後、亜科と属の間の族のレベルの枠組みが焦点となってくるのではないかと思われる。

このような分類学の成果は、これまで専門家以外が概要を知ろうとすると困難であったが、最近では世界のアリの姿をウェブ上でみることができるようになった。インターネットは分類学者と一般ユーザーの間のギャップを埋める強力な手段であろう。日本産のアリ類については、「日本産アリ類画像データベース」(http://ant.edb.miyakyo-u.ac.jp/J/index.html)でほぼ全種についての画像や解説をみることができる。また世界のアリについてはカリフォルニア・アカデミー・オブ・サイエンスが管理する"Antweb"(http://www.antweb.org/)というサイトが非常に鮮明なアリの画像を提供している。

2　アジアのアリの多様性

さて、一九五〇年代の初めにチャップマンとカプコがアジアのアリのチェックリストを出版した(Chapman & Capco, 1951)。これはアジアのアリをまとめた唯一のデータソースであるが、そこでは一七六属二、〇八〇種(種より下のカテゴリーでは四四一亜種六八四変種)がリストアップされていた。しかし、アジアのアリ類は「オリエンタル・カオス」とよばれ、

表3－2　アジアと世界のアリの属数・種数

亜科	属レベル			種レベル	
	アジア	世界	アジア固有属	アジア	世界
ハリルリアリ亜科	1	1	1	1	1
ムカシアリ亜科	4	6	3	17	38
サスライアリ亜科	1	1	0	9	61
ヒメサスライアリ亜科	1	1	0	66	109
クシフタフシアリ亜科	1	3	0	31	197
クビレハリアリ亜科	3	5	0	62	198
カタアリ亜科	14	22	1	150	554
ハリアリ亜科(広義)*	24	42	4	431	1,299
ヤマアリ亜科	28	49	9	1,019	2,459
フタフシアリ亜科	65	135	25	1,487	4,856
その他 [6亜科]	1	9	1	1	247
計	143	274	44	3,274	10,019

*表3－1のハリアリ型亜科群に相当。

名前はあっても正体不明な種がたくさん残されており、一方でまだ名前のついていない種も多く存在している。従って、採集された種がどの種に相当するのか、はたまた未だ記載されていない新種なのかわからないといった状態だったのである。世界のアリは現在約二五〇属一万種が記載されているが、アジアに生息するアリは属のレベルで世界の約半分、種のレベルで約三分の一となる（表3－2）。最終的な現存種の見積もりは約二万種とされていて、もしこの割合を適用するならば、アジア全体としては六千種以上が生息していると推定される。

アジアは生物地理学的にみれば九つの地域に細分されていることは「はじめに」で述

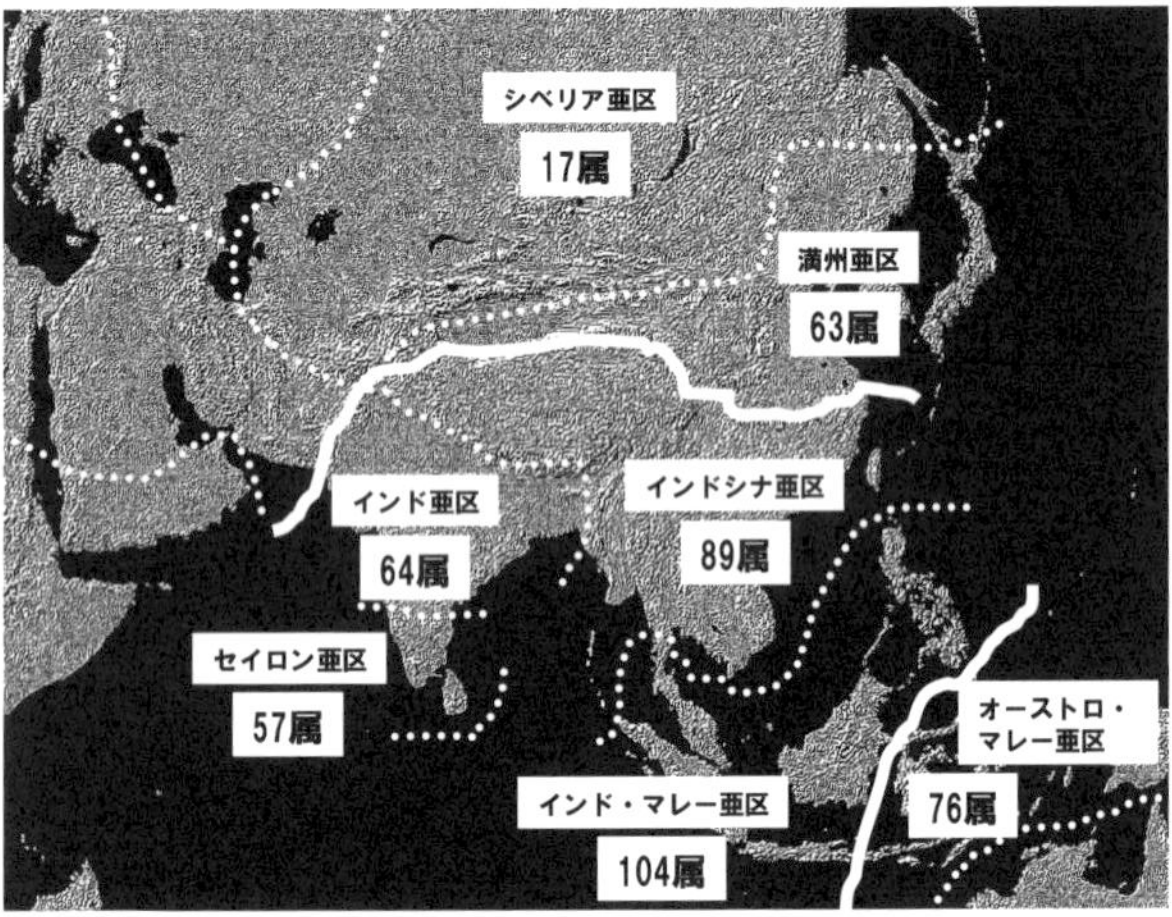

図3－3　地域ごとのアリの属数

べた。それぞれの地域にどれくらいの種類のアリがいるのだろうか。種数のレベルまで示す統計的なデータはないけれども、属のレベルで見ると図3－3のようになる。赤道がはしるインド・マレー亜区は圧倒的に属の数が多いのがわかる。赤道付近で種数が多くなる緯度傾斜という現象からも、この地域の多様性の高さは想像できる。しかしその地域の東側に隣接するオーストロ・マレー亜区では、北側に位置するインドシナ亜区よりも属の数は少ない。オーストロ・マレー亜区の属数が思ったより少ない原因は、①インド・マレー亜区に比べて調査の精度が低く（とくにニューギニア）、未発見種が多く残されている、②地

表 3－3　アジア各地域間の共通の属数

	In	Ce	InC	InM	Med	Sib	Man	AuM
In		53.8	57.1	50.9	7.1	16.9	58.0	41.0
Ce	43		53.1	47.3	3.0	8.6	36.0	41.1
InC	56	51		73.9	7.6	9.2	47.6	50.0
InM	57	52	82		4.6	6.1	41.5	55.2
Med	5	2	7	5		33.3	14.1	3.6
Sib	12	6	9	7	7		20.9	5.6
Man	47	32	49	49	9	14		39.0
AuM	41	39	55	64	3	5	39	

上部の数字は２つの地域の共通属の占める割合（%），下部は共通な属の数を示す。下線は地域間の共通性の高いものを示す。略号は次の通り：AuM：オーストロ・マレー亜区；Ce：セイロン亜区；In：インド亜区；InC：インドシナ亜区；InM：インド・マレー亜区；Man：満州亜区；Med：地中海亜区；Sib：シベリア亜区

史的なイベントによる環境の変化が著しく絶滅により減少した、③面積が比較的小さい、などの可能性が考えられる。亜区ごとの構成属の類似性は表3－3に示す。

固有の属という点から見てみると、今のところ四四の属がアジアにのみ分布している。（もっともこの中には分類学的に怪しい属もあって、将来はもっと減るのかもしれない。）これらは、アジアの中でもどのような地域に分布しているのだろうか。

例えば、脚が長くてスレンダーな体型に大きな眼と細長い大アゴを

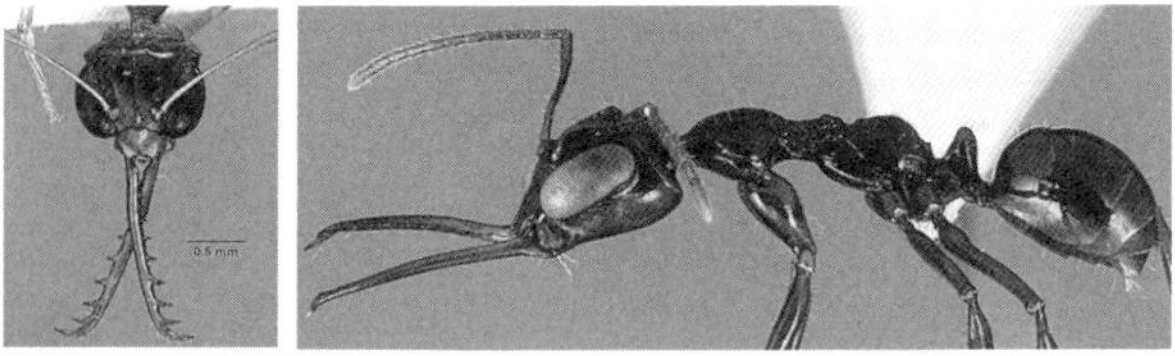

写真３－１　ハンミョウアリ *Myrmoteras* spp.
左はインド産の *M. indicum*，右はマレー半島産の *M. iriodum*（http://www.antweb.org/より）

もったハンミョウアリ *Myrmoteras* という属がある（写真３－１）。この属には三一種が含まれているが、その分布範囲は熱帯アジアに限られていて、ニューギニア島からは知られていない。このようなパターンは他のアジア固有属にも多くみられる。別のパターンとしては、東南アジアといってもインドシナ半島から中国南部にみられるコワモテアリ属 *Kartidris* のように大陸部に分布するパターンもある。なお、カスピ海の東からアラル海周辺（特に南部）にかけてのトルクメニスタン、ウズベキスタン、カザフスタン地方には砂漠とステップが広がっているが、ここにも固有属サバクヤマアリ属 *Alloformica* とアルメニアハリアリ属 *Aulacopone* が分布している。図３－４には、その他ごく限られた地域からしか知られていない属の分布も示しているが、これらは一属が一種もしくは数種からなるタクサである。これらの分布図から分かるのは、アジア固有属というのはたいていボルネオ島に分布しているという点であろ

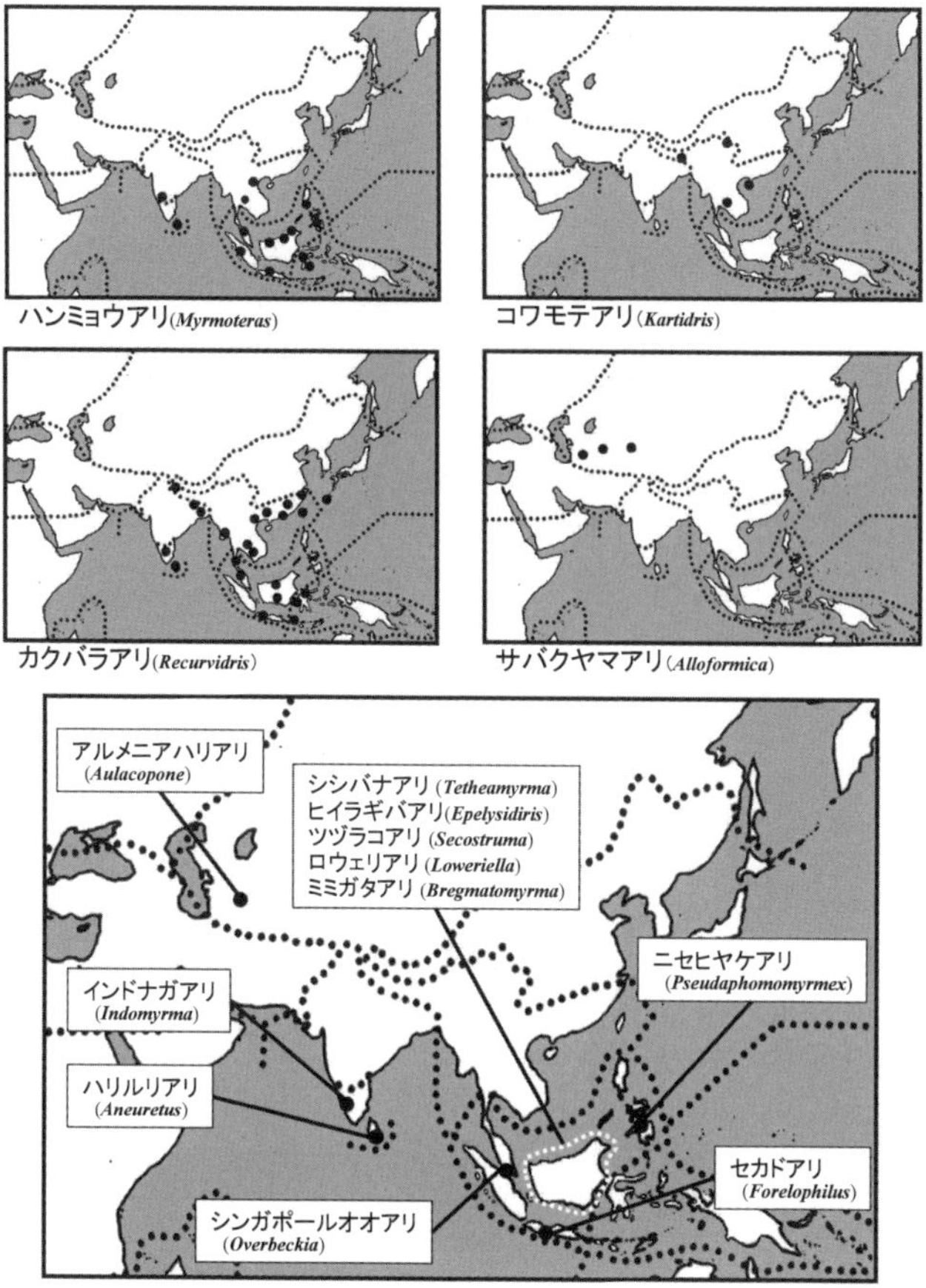
ハンミョウアリ(*Myrmoteras*)
コワモテアリ(*Kartidris*)
カクバラアリ(*Recurvidris*)
サバクヤマアリ(*Alloformica*)
アルメニアハリアリ
(*Aulacopone*)
シシバナアリ (*Tetheamyrma*)
ヒイラギバアリ(*Epelysidiris*)
ツヅラコアリ (*Secostruma*)
ロウェリアリ (*Loweriella*)
ミミガタアリ (*Bregmatomyrma*)
ニセヒヤケアリ
(*Pseudaphomomyrmex*)
インドナガアリ
(*Indomyrma*)
ハリルリアリ
(*Aneuretus*)
セカドアリ
(*Forelophilus*)
シンガポールオオアリ
(*Overbeckia*)

図３－４　アジア固有属の分布

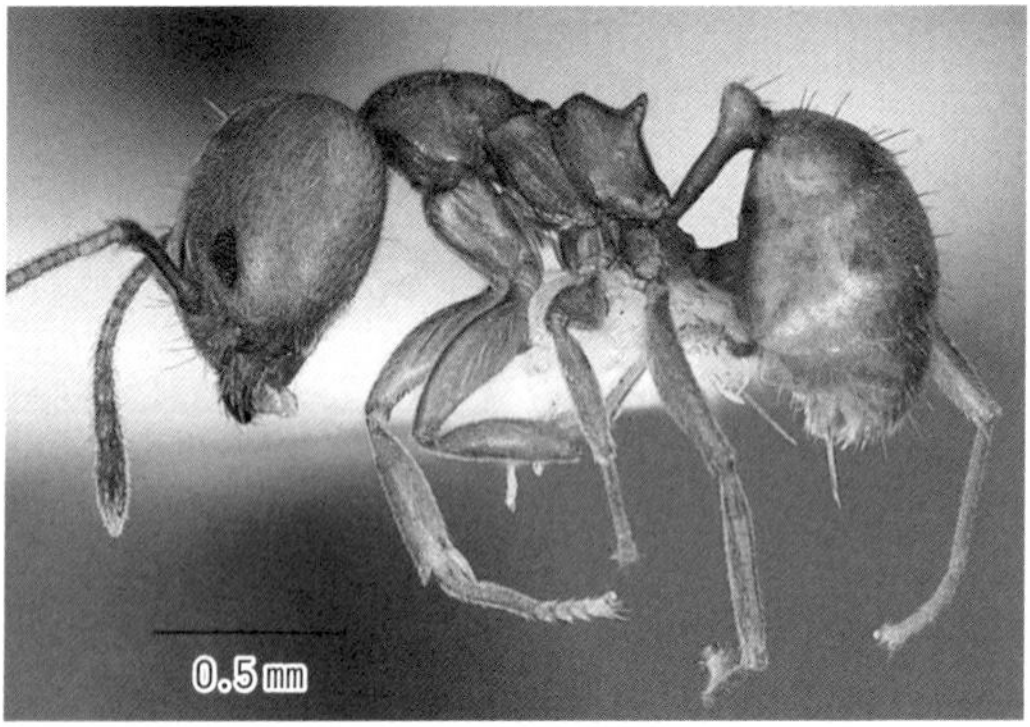

写真３－２　ハリルリアリ *Aneuretus simoni*
（http://www.antweb.org/より）

う。アジアの熱帯雨林性の種にとって、ボルネオはカギとなる地域である（山根、二〇〇〇）。なお、セイロン亜区のみに見られる属もある。とくにスリランカには、アジア固有亜科であるハリルリアリ亜科 Aneuretinae が分布している。このアリは一属一種からなる特異なアリで、見かけはカタアリ亜科のアリに似ているが、腹端には針をもっている（写真３－２）。

３　ツムギアリの生物地理

熱帯アジアの代表的なアリにツムギアリ *Oecophylla smaragdina* という種類がいる（写真３－３）。体長は一センチ前後、赤褐色のアリで、樹上に葉を集めて営巣しており、樹の幹

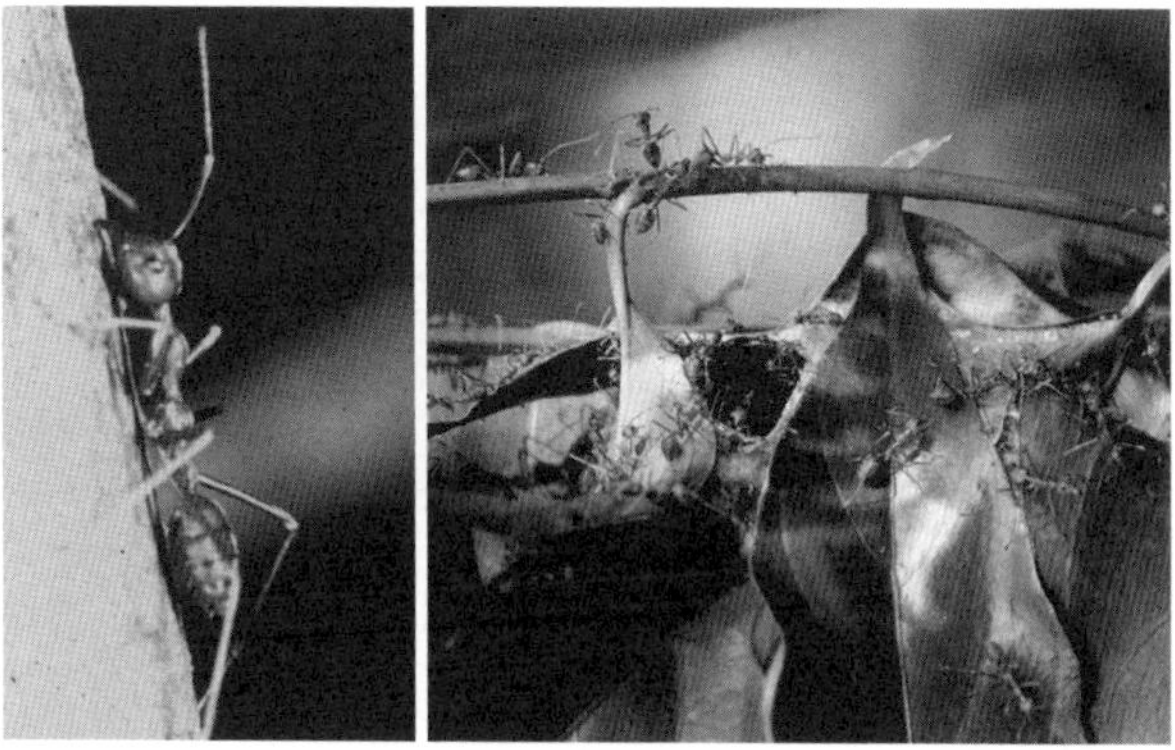

写真 3－3　ツムギアリ *Oecophylla smaragdina*。左，警戒態勢をとるハタラキアリ；右，葉をつづり合わせた巣を揺らすと防御のためにたくさんのハタラキアリが出てくる

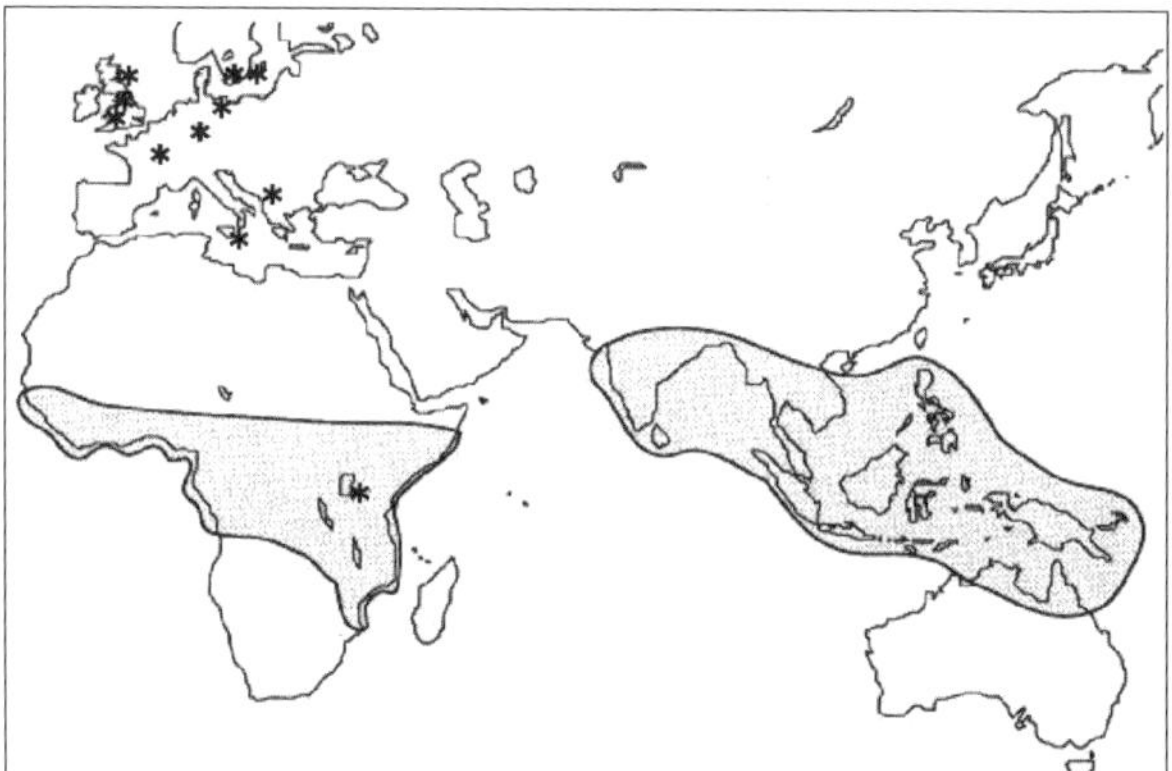

図 3－5　ツムギアリ属の分布。アフリカの種は *O. longinoda*，アジアの種は *O. smaragdina*，＊は化石種の産地

や葉の上などで行列をつくって行進しているのをよく見かける。「ツムギアリ」とは、ハタラキアリが巣作りを行う際、幼虫の出す糸を使って、文字通り葉をつむいでいく姿に因んだ名前のアリである。ツムギアリ属には二種がいて、アフリカツムギアリ *Oecophylla longinoda* はほぼ赤道地帯のアフリカに、アジアのツムギアリはインド亜大陸から東南アジアを経てオーストラリア大陸の北部まで分布している（図3－5）。ツムギアリ類の生態については ヘルドブラーとウィルソン（Hoelldobler & Wilson, 1994）がアフリカツムギアリを用いて詳細な生態を報告している。その巣作りの際のワーカー同士の連携には驚くばかりであるが、コミュニケーション・システムの巧妙さにも感心してしまう。ツムギアリ類はその攻撃的な性格から、害虫を防除する天敵として、古くから知られていて、中国ではこのアリは、柑橘などの果樹での害虫の防除資材としてかなり古くから利用されていた（Huang & Yang, 1987）。

安松（一九八八）の『蟻と人生』という本の中に「蟻を食べる」という項があって、世界で食べられているアリについて逸話が紹介されている。ツムギアリは東南アジアの各地やオーストラリアのアボリジニでは食材として利用されていて、とくにタイでは有名だそうだ。かねてから試食したいと思っていたのだが、いつも市場にでまわっているものでもない

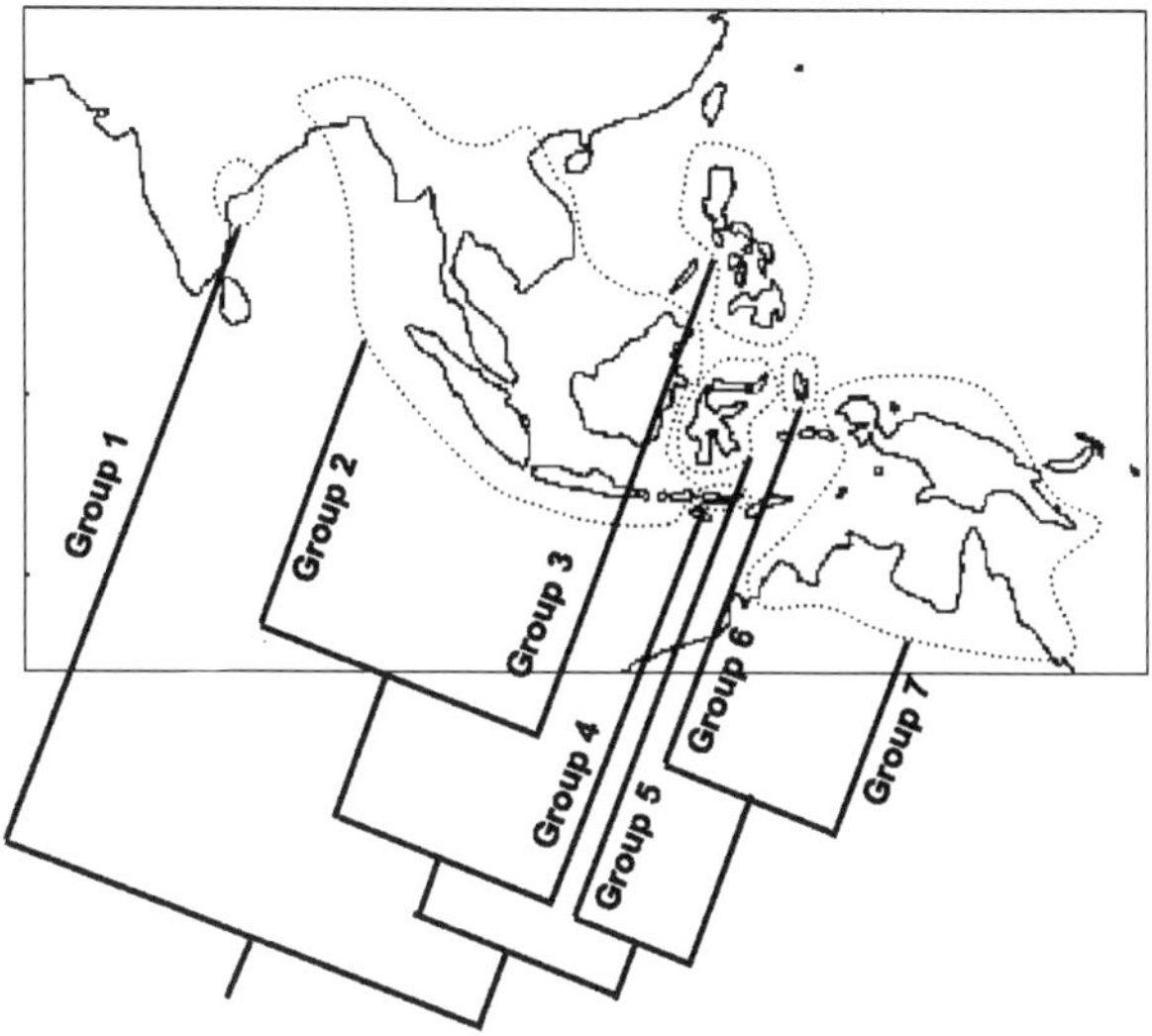

図 3－6　ツムギアリ地域個体群のグループと系統関係

らしい。タイ人の友人によると二〜三月頃がシーズンだということで、その時期にバンコクの北東に位置するサカエラートという街を訪れた。すると、マーケットには幼虫やハタラキアリを盛った出店がたくさんならんでいるではないか。さっそく買い込み、まるまるとした幼虫をゲストハウスで卵とじに調理してもらった。味は美味である。丸々とした幼虫が口の中でぷちぷちとする食感は「陸のキャビア」と表現する人もいる。タマネギとともに炒めたり、スープに入れたり、いろいろな食べ方があるらしい。昆虫を食料として利用する話は第六章を参照されたい。

ここで、北海道大学の東典子氏らの行ったツムギアリの系統地理の研究を紹介したい（Azuma *et al.*, 2002, 2005）。ツムギアリは広く分布していること、しかも目につきやすいことなどから個体群レベルの系統を解析するのに格好の材料である。さまざまな地域個体群を分子データを使って解析し、種の分散の歴史を辿ろうとしたのである。私も訪れた各地でツムギアリを採集し、彼女へとサンプルを送った。

図3－6はアフリカ産のツムギアリを比較のための外群とした、ミトコンドリアのチトクロームbとCOIの領域の塩基配列による個体群レベルの解析結果である。これまでのサンプルからアジアの個体群は七つのグループから成ることがわかった。これらは、①インド亜大陸のグループ（東部を除く）、②バングラデシュから東南アジア大陸部・島嶼部の大部分を占めるグループ、③フィリピンのグループ、④フローレス諸島のグループ、⑤スラウェシ島のグループ、⑥ハルマヘラ諸島のグループ、⑦ニューギニア・オーストラリアのグループ、である。実はアジアのツムギアリには六つの亜種が記載されているのだが、これらの形態的区分は必ずしも明確ではなく、またこの解析による地方個体群のグルーピングとも一致しない。旧来の亜種は棄却してもよいだろう。オーストラリアのツムギアリは緑色が強く、

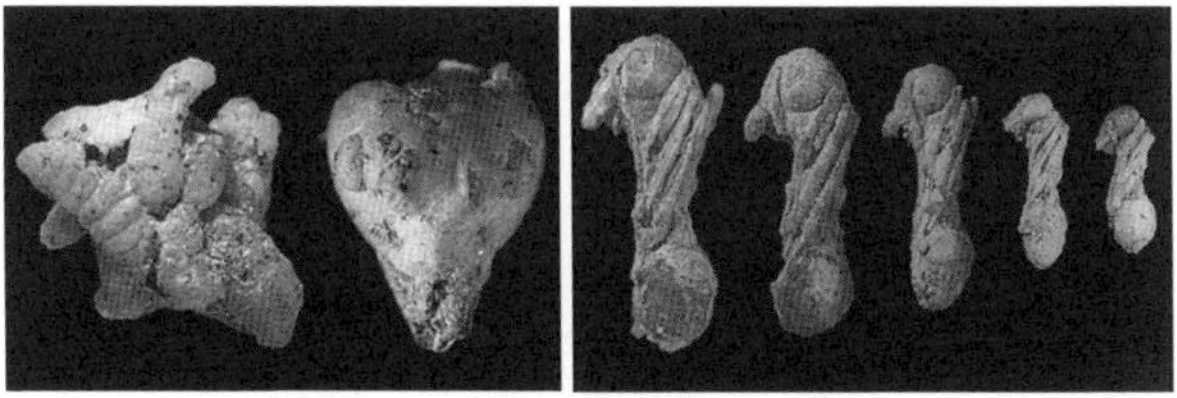

写真 3－4 ケニアのビクトリア湖周辺より発見された化石ツムギアリ *O. leakeyi* のコロニー。左は幼虫とハタラキアリ頭部，右は様々なサイズのハタラキアリ蛹の化石（R. W. Taylor, 2002, http://ant.edb.miyakyo-u.ac.jp/AZ/index.html より）

現地では「グリーン・アント」とも呼ばれているが、分子データからは褐色のニューギニアの個体群とひとまとまりのグループとなる。分化の順序からいうとインドの個体群（グループ1）がもっとも初期に分化したものであり、オーストラリア・ニューギニアの個体群（グループ7）とハルマヘラの個体群（グループ6）の分化がもっとも最後に起こったと推定される。スラウェシ島の個体群（グループ5）は他のアジアのグループよりもグループ6＋グループ7の系統に近縁で、これはツムギアリがスラウェシ島を経てオーストラリア方面へと分散していったことを示している。以上より、アジアのツムギアリはおおむねインドから東へ向かい、オーストラリアの方向へ、つまり西から東へと分散していったと推定される。では、それはいつごろだろうか？

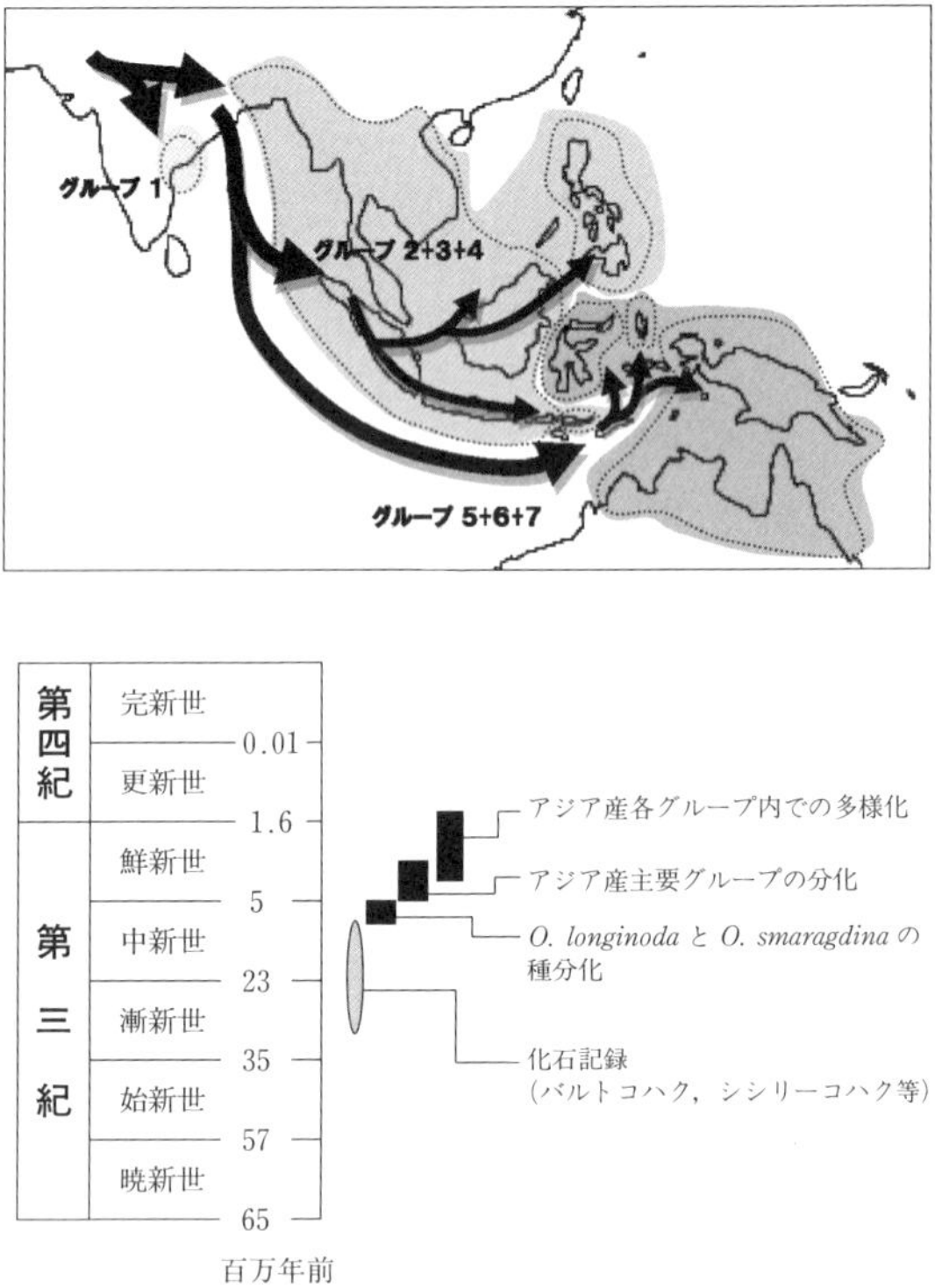

図 3－7　ツムギアリの進化。上は図 3－6 の系統樹より推定されるアジアの個体群の分散の経路と分化の順序，下は化石記録と分子データから推定されるツムギアリの分化の年代

ヨーロッパからはコハクも含め、何例か化石が知られている。驚くべきことに、アフリカからはコロニーがまるごと化石化したものが知られている（写真3-4）（Wilson & Taylor, 1964）。このことから、かつてこのアリはユーラシア東部にも分布しており、現在のアフリカ-熱帯アジアの分断的分布パターンはヨーロッパ個体群の消失により引き起こされたと推定される。

クロージャーら（Crozier *et al.*, 1997）は化石記録と現生アリの分子データからチトクロームbの第一・第二コドンの変異率を百万年で〇・一六五パーセントとしている。この変化速度を適用するならば、アジアのツムギアリとアフリカのツムギアリは一、三三〇万年～一、一三〇万年前に分化したものと推定される。これは中新世後期にあたる（図3-7）。またアジアのツムギアリの七つの主要グループは七八〇万年～三六〇万年前に分化したもので中新世後期から鮮新世中期にあたる。それぞれのグループ内での多様化はグループ7では四七〇万年前、グループ4で三七〇万年前、グループ5で二一〇万年前、グループ2で一六〇万年前と推定され、これらは鮮新世中期から更新世初期であろう。なお、ハルマヘラ（グループ6）とフィリピン（グループ3）は解析に用いたコロニー数が限られているせいか、グループ内の変異は第三コドンのみに限られており、クロージャーらの塩基配列の変異率による分化年代の推定値は適用できない。熱帯アジアに広がっているグループ2はその広範な占有域にもかかわらず、それぞれの地域の相違が少ない点が注目されよう。グループ2はアジアのツムギアリの中ではもっとも北に分布する個体群を含んでいる。このことから、氷河期の寒冷化の影響を受けた部分で、この時期に分布が一旦縮小し生き残った個体群が、氷河期の後に急速に広がったものではないか、つまり、ボトルネックと呼ばれる効果が働いたのではないかと東らは推測している。インド亜大陸のツムギアリといっても、ベンガル地域のものは東南アジア大陸部のグループに属しており、インド・スリランカのサンプルもまた十分ではないため、インド亜大陸における個体群の境界がまだ不明確である。今後の課題であろう。

4　アジアのアリ研究ネットワーク

地域の生物多様性を評価するためのインベントリー調査では、アジア各地のアリの標本が蓄積されつつある。しかし、「オリエンタル・カオス」という現状の中で、種を同定し、その価値を評価するのに、分類学者のレビジョン的仕事を待たなければならないのだろうか。そ

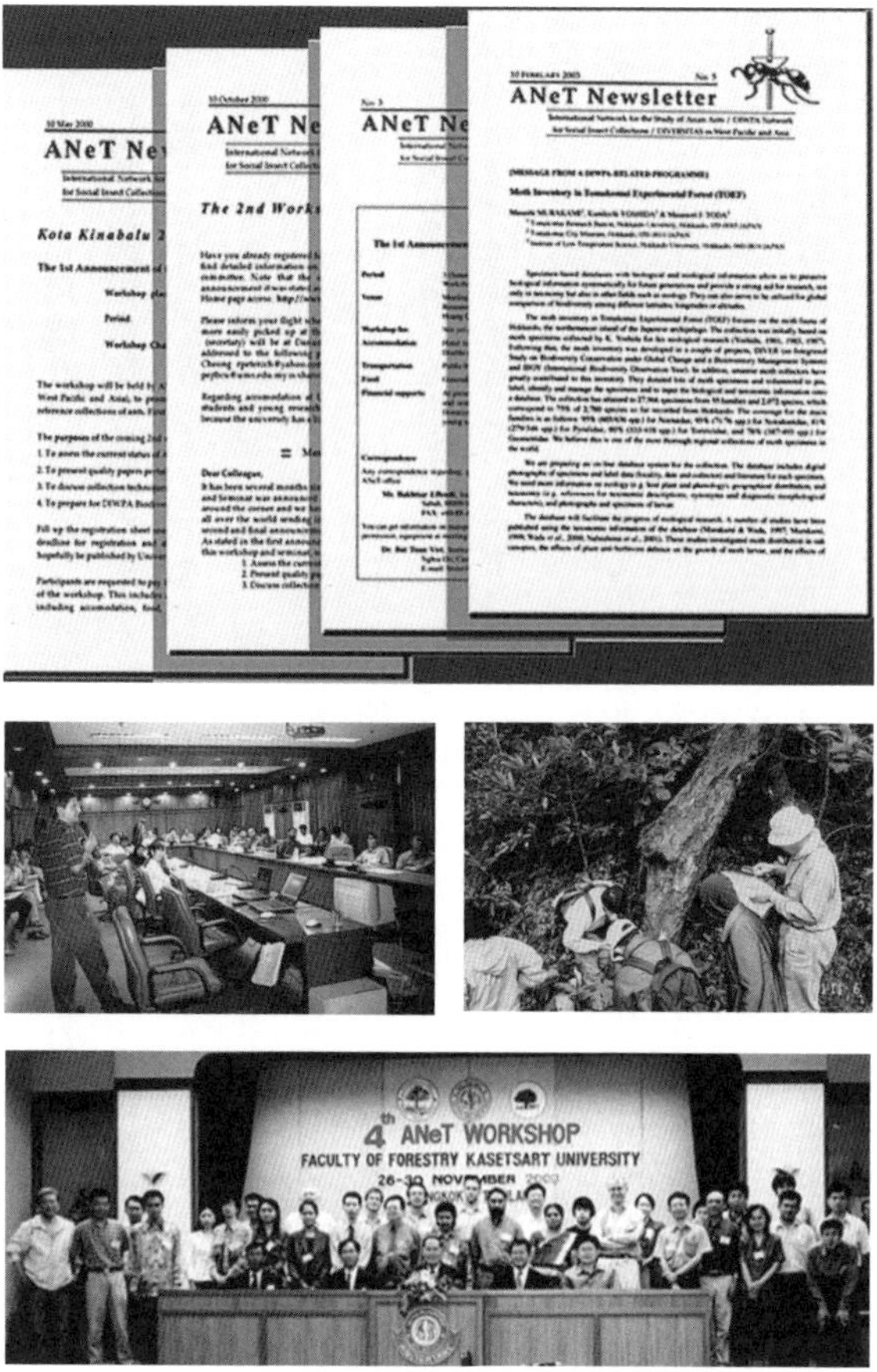

写真 3-5　ANeTの活動。上段：ニュースレター；中段左：ワークショップでの講演風景（バンコク，2003）；中段右：エクスカーション（ハノイ，2001）；下段：カセサート大学での第4回大会（バンコク，2003）

んな中で、アジアのアリ研究を推進するために、現地の研究者を中心としたANeTという ネットワークが形成された（写真3-5）。これには鹿児島大学の山根正気氏や兵庫県立人と自然の博物館の橋本佳明氏らの尽力が大きい。アジアの多くの国々には現地の研究者による学会組織というものがほとんどない。学会の存在は、成果を公表したり、意見を交換したり、若手研究者を育てる場である。国単位での学会がないせいか、研究情報の交換は所属する機関の中では行われているものの、それぞれの大学や研究機関の枠を超えた知識の共有がなされていない。これでは、レビジョン的仕事は標本が豊富にある欧米の研究者にのみ可能となり、知識の植民地的主義といってもいいような状況となってしまう。アジアのアリについて、アジアの研究者を生み出すためには現地の知的ネットワークを整備する必要がある。ANeTはそんな思いで創られた。

最初のワークショップは一九九九年にタイのバンコクで開催された。私は二回目にあたる二〇〇〇年のコタキナバル・ワークショップから参加しているのだが、回を重ねるごとに参加者のレベルが上がってきている。最初のころはたどたどしかった講演が、最近では見事に構成された内容となっている。ワークショップでは発表会のあとにエクスカーションが企画されるが、ここでは講演の場にはない独特の雰囲気がある。若手の研究者や学生たちは少しでも知識を得ようとして貪欲なまでに「これは何というアリですか」と質問してくる。おかげで、毎回参加している研究者は属レベルまでは見分けることができるようになったし、珍しいアリとは何かわかるようになった。二〇〇五年のクアラルンプール・ワークショップでは、ANeTの後にトレーニングコースを併設した。「ネットワークをつくる」という行為にはアリについての知識の他にも、ワークショップを開催する企画力・運営力も必要となってくる。ANeTはアジアの昆虫学進展の一つのモデルケースとなるのではないだろうか。今、オリエンタル・カオスは徐々にであるが秩序を得つつある。

（緒方一夫）

参考文献

Azuma, N., Kikuchi, T., Ogata, K. & Higashi, S. (2002) Molecular phylogeny among local populations of weaver ant *Oecophylla smaragdina*, *Zoological Science*, 19, pp. 1321-1328.

Azuma, N., Ogata, K., & Higashi, S. (2005) Phylogeography of Asian weaver ant, *Oecophylla smaragdina*, *Ecological Research*, 21, pp. 126-136.

Bolton, B. (2003) Synopsis and classification of Formicidae, *Memoirs of the American Entomological Institute*, 71, pp. 1-370.

Brown, W. L., Jr. (2000) Diversity of Ants. In Agosti, D., Majer, J. D., Alonso, L. E., & Schultz, T. R. *Ants : standard methods for measuring and monitoring biodiversity*, pp. 45-79, Smithonian Institution Press.

Chapman, J. W. & Capco, S. R. (1951) *Check list of ants* (*Hymenoptera : Formicidae*) *of Asia*, Bureau of Printing.

Crozier, R. H., Jermin, L. S. & Chiotis, M. (1997) Molecular evidence for a Jurassic origin of ants, *Naturwissenschaften*, 84, pp. 22-23.

Hoelldobler, B. & Wilson, E. O. (1994) *Journey to the Ants*, Belknap Press of Harvard University Press.（辻和希・松本忠夫訳（一九九七）『蟻の自然誌』朝日新聞社）

Huang, H.T. & Yang, P. (1987) The ancient cultured citrus ant, *BioScience*, 37, pp. 665-671.

Taylor, R. W. (1983) Descriptive taxonomy : past, present and future. In Highley, E. & Taylor, R.W. (eds.), *Australian Systematic Entomology : a Bicentenary Perspective*, pp. 93-134, CSIRO, Division of Entomology.

Wilson, E. O. & Taylor, R. W. (1964) A fossil ant colony : new evidence of social antiquity, *Psyche*, 71, pp. 93-103.

緒方一夫・久保田政雄・吉村正志・久保木謙・細石真吾（二〇〇五）「アリ類の分類体系―ボルトンによる最近の変更より―」『蟻』27号、一三―一四頁。

久保田政雄（一九八八）『ありとあらゆるアリの話』講談社。

馬渡俊輔（一九九六）「動物学の基礎に「分類」あり―分類学はすべての生物学を取り込む」『AERA

Mook 動物学がわかる』朝日新聞社。

安松京三（一九八八）『蟻と人生　全集日本動物誌13』講談社（初版は一九四八、洋々書房）。

山根正気（二〇〇〇）「東南アジアにおけるアリの分布と多様性」杉浦直人・伊藤文紀・前田泰生編著『ハチとアリの自然史』北海道大学図書刊行会、一七九—一九三頁。

第四章　東南アジアのゾウムシ

――起源と多様性、植物との関わり――

1　ゾウムシという甲虫

生物界における甲虫類の多様性の実態については、いまさらここで説明するまでもないであろう。「神がこの類を溺愛したためだ」とも説明されるほどである（Evans & Bellamy, 1996）。なかでもゾウムシは、「とくに神に溺愛された」のか、一つの分類群としては生物界最多の六万種が知られる超巨大分類群となっている。調査・研究が進めば二〇万〜五〇〇万種はいると推定されており、まさに生物多様性を象徴するグループと言える。ゾウムシは、頭が前に突き出し、その先に口器を備えたユニークな形態的特徴をもち、他の甲虫に比べ長く伸びた頭の分だけ、おもしろさがつまっている。

ここでは数ある甲虫の中でもゾウムシに焦点を当て、アジアのなかでもとくに熱帯域に属する東南アジア地域での多様性について紹介する。

熱帯のゾウムシというと、クワガタムシやカブトムシのような大形なものをイメージされるかもしれない。実際、東南アジアには体長八〇ミリにも達する世界最大のゾウムシも生息するが（写真4－1）、そのような大形種はごく一部にすぎず、普段ほとんど目に触れる機会

写真 4－1　世界最大のゾウムシ *Protocerius colossus*（写真右下）と，著しく長い前脚をもつゾウムシ *Mahakamia kampmeinerti*。ともにマレーシア産。もっとも身近なゾウムシであるココクゾウムシ *Sitophilus oryzae* を比較のため並べた（写真右上；矢印）。著しい体長差があるが，すべてオサゾウムシ科のオサゾウムシ亜科に分類される。スケール：10 mm

写真4－2　フォギング法による林冠昆虫相調査。林床につり下げた昆虫を受け取るためのトレイ（左）とフォグマシンによる地上から林冠に向けた薬剤噴煙（右）。朝なぎ時には地上50〜60 mまで煙が上がる

がない。通常、調査で得られるゾウムシは、大半が五ミリ以下の小形種ばかりである。また、熱帯のジャングルというと、いかにも昆虫が多いイメージがあるが、低地熱帯では樹高が五〇メートルにも達し、林冠ははるか上で、網などを使った一般的な調査法では、ゾウムシに限らず予想以上に虫が採れない。このような場所では、少し大掛かりにはなるが、専用の機械で薬剤を林冠に向けて噴煙し、気絶して落ちてきた昆虫をトレイで受け取るフォギング法が威力を発揮する（写真4－2）。さまざまな昆虫が、雨のように降り落ち

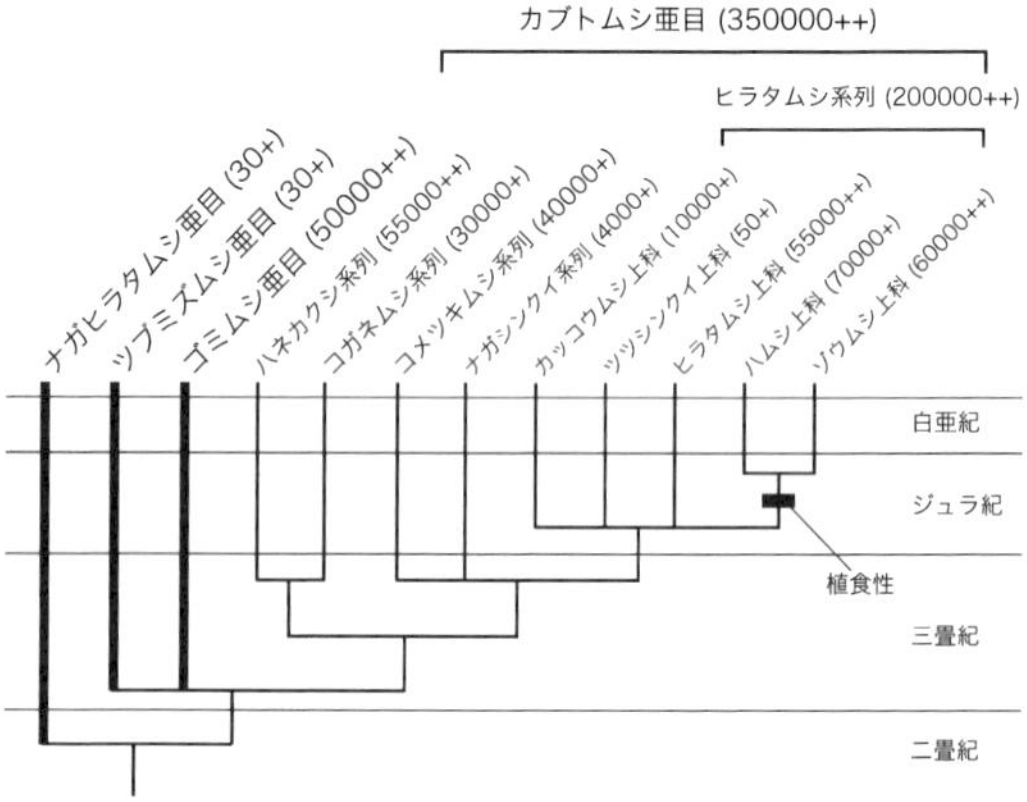

図 4－1　甲虫目の系統仮説。分類群名の後の数字は種数を示す（Maddison, 1995 をもとに作図）

てくる。アリや甲虫が多く、甲虫の中でもゾウムシはとくに多い。一本の樹から一〇〇種前後のゾウムシが得られることも珍しくなく、林冠でも優占群となっていて、それらの八割以上はこれまで見たこともない新種である。この方法は熱帯アジアでの調査にごく最近導入されたばかりで、今後、樹種ごとの調査が進むと、いったいどのくらいの種数になるのか、今のところ想像がつかない。

2　ゾウムシの系統

ゾウムシ（正確にはゾウムシ上科）は、ハムシやカミキリムシ（ハムシ上科）とと

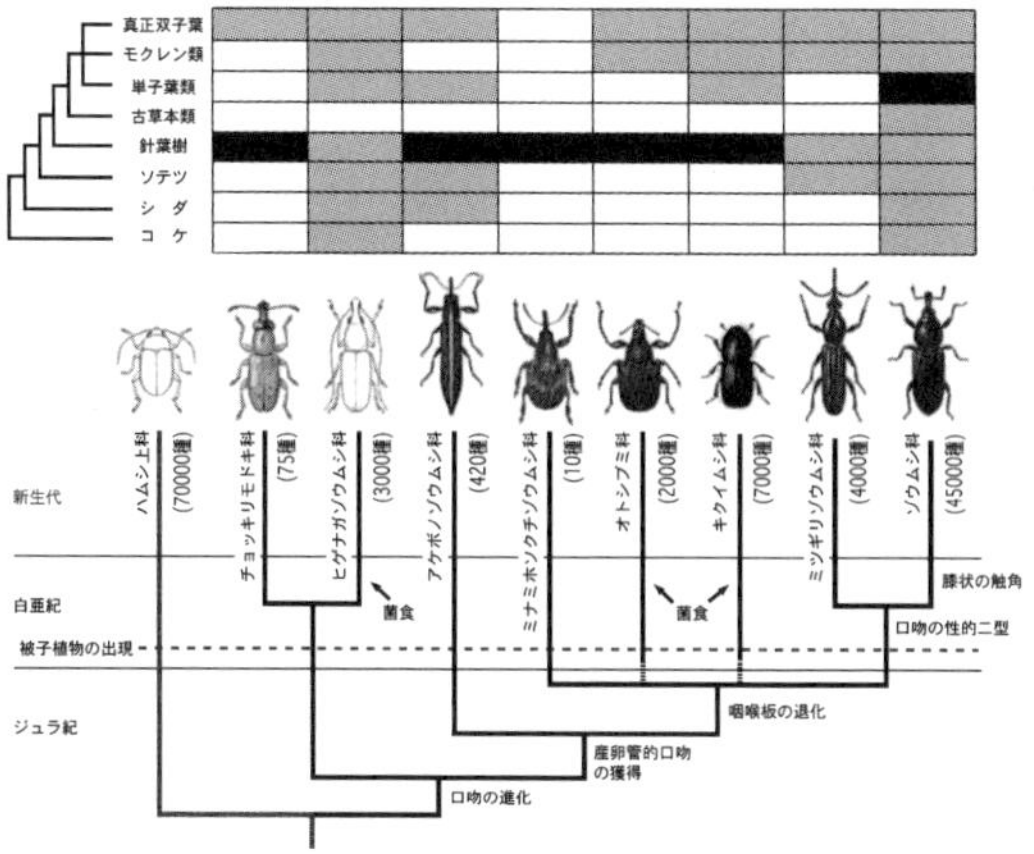

図 4－2　ゾウムシ上科（各科系列間）の系統進化と寄主植物との関係。ゾウムシと寄主植物の対応表中で，黒色部は推定される祖先的（元来の）寄主植物，灰色部は二次的に適応したと考えられる寄主植物を示す。ヒゲナガゾウムシ科系列は成虫，幼虫ともに基本的に菌食であること，ミツギリゾウムシ科系列は大半が衰弱木や腐朽木に適応していることから，祖先的寄主植物の推定は行っていない（小島，2004）

もに、甲虫の系統の中では最も最後に分化し、それまで捕食、腐食、菌食といった食性が中心であった甲虫類の中で、植物を利用する植食性を発達させた（図4-1）。その後、ゾウムシは頭が伸長し、その先に口を備えた口吻を獲得し、ハムシやカミキリムシの系統とは分化し独自の進化をはじめた。この分化年代は、化石記録から恐竜が生息していたジュラ紀中頃と考えられている。

現生のゾウムシは、大きくわけると八つの系統からなり（図4-2）、その類縁関係については、いまだ統一した見解は得られておらず、ここでは、Morimoto *et al.* (2006) の仮説に従う。ゾウムシの系統は、ジュラ紀に起源した、いわゆる原始的な系統（チョッキリモドキ科系列、アケボノゾウムシ科系列、ミナミホソクチゾウムシ科系列）と、白亜紀以降分化した派生的な系統（ミツギリゾウムシ科系列、ゾウムシ科系列）、さらにその中間当たりに分化したとされる系統（オトシブミ科系列、キクイムシ科系列）に大別できる。ゾウムシの系統に関する最大の見解の違いは、キクイムシ科系列の系統的位置に関するものである（小島、二〇〇四、Morimoto *et al.*, 2006）。

3　東南アジアのゾウムシ

熱帯域に属するこの地域は、中南米やアフリカの熱帯域とともにゾウムシの多様性が高い地域である。インドシナからマレー諸島にかけての地域に生息するゾウムシは、分かっているだけでも約一、〇〇〇属一万種におよぶ。この地域のゾウムシ相の特徴を挙げるとすると、種レベルの多様性が高いにもかかわらず、ジュラ紀起源のいわゆる原始的な系統をほとんど欠いているという傾向が見られることである。そのような原始的な系統は、現在、一部が北半球の温帯域に、大部分はオーストラリア、ニュージーランド、ニューカレドニア、南米パタゴニア、南アフリカといった南半球の温帯域を中心に分布する。では、なぜ、熱帯アジアには原始的なゾウムシの系統が少ないのだろうか？

東南アジアの地史とゾウムシの起源

現在の東アジアから東南アジアにかけての地域は、かつてオーストラリアと北西側で接し、ゴンドワナ大陸の一部を形成していた。ブロック状に分かれた陸塊は、徐々に北上しテチス海を越え、ユーラシアの東縁に達し、現在の東アジアから東南アジア西側にあたる地域が形成されたのはジュラ紀の頃とされている。その後、白亜紀初期にインド亜大陸がユーラシアと衝突した。この頃、現在の東南アジアの東側（スラウェシ以東）にあたる地域はテチス海上に点在していた程度で、現在のような姿となっていなかった（Hall & Holloway, 1998）。

ゾウムシの起源はジュラ紀中頃と考えられており、東アジアから東南アジアにかけての地域がゴンドワナを形成していた時代には、ゾウムシの祖先はおそらく分化しておらず、この陸塊に乗ってユーラシア側に運ばれたゾウムシはいなかったと考えられる。よって、東南アジア地域におけるゾウムシ相の形成を考察する際の地史的影響は、東アジアやマレー半島、スマトラ、ジャワ、ボルネオなど東南アジア西部が、ユーラシア側とつながっていた状態の時代以降を想定すればよいことになる（図4-3）。

東アジアから前記の東南アジア西側（スンダ陸棚状の）地域は、ユーラシア大陸東縁で、常に温暖な気候下にあり、西アジア地域の乾燥化が起こるまで、ユーラシア大陸を通じたアフリカ地域との連続した環境があった。そこでは旧世界熱帯要素の分類群が中心に分化し、その一部は、インド亜大陸とともに運ばれたものも含まれていたと考えられる。

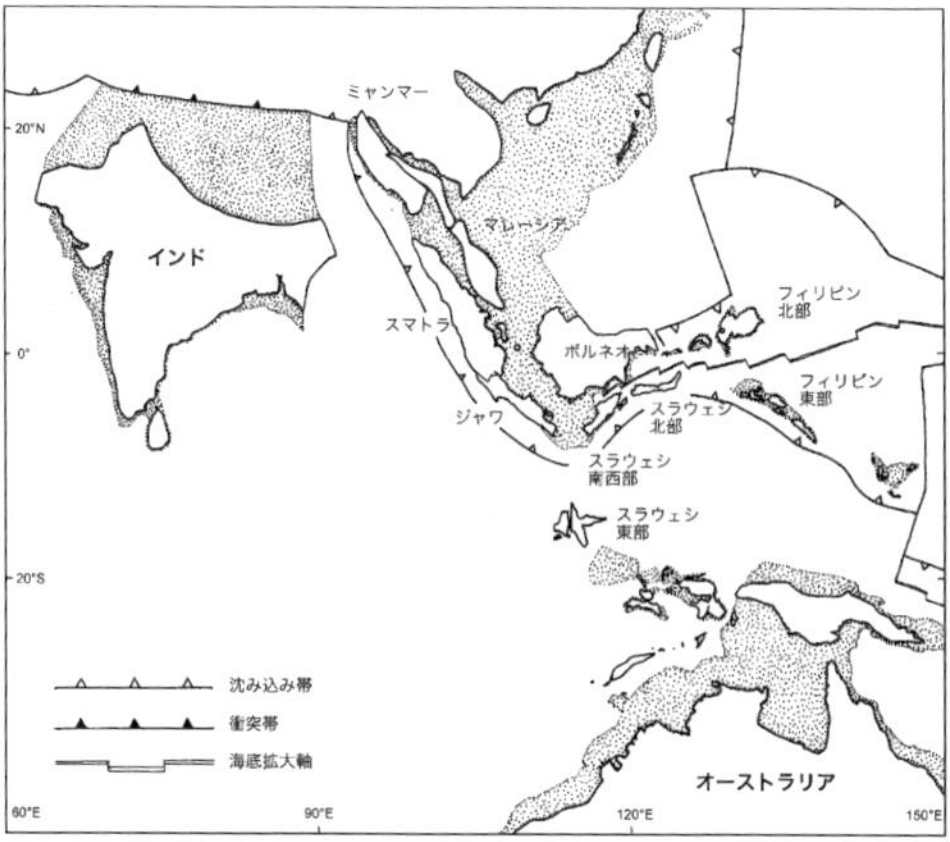

図 4－3　約400万年前（第三紀始新世）のアジア－オーストラリア地域。影をつけた部分は200 mより浅い大陸棚を示す。東南アジア島嶼は現在のような姿となっていない（Morley, 1998をもとに作図）

一方、ニューギニアやアル諸島など、東南アジア東側（サフール陸棚状の）地域は、オーストラリアや南極を通じた南米との交流があり、これらの地域と関連のある分類群が分化した。

その後、スンダ陸棚状の西側地域とサフール陸棚状の東側地域が接近し、現在のような東南アジア島嶼が形成されたのは、第三紀中新世以降のことで、東南アジアの西側と東側で別々に形成された分類群が入り交じった。しかし、現在、オーストラ

表4－1　東南アジアにおけるゾウムシ上科の属，および種数

	固有属数	種数	（固有種数）
マレー半島	4	696	(343)
ボルネオ	24	970	(602)
スマトラ	20	810	(551)
ジャワ	30	851	(551)
フィリピン	36	1,586	(1,388)
スラウェシ	13	304	(223)
小スンダ	0	62	(38)
モルッカ	22	475	(313)
アル	6	166	(67)
ニューギニア	114	1,755	(1,514)

リアなど南半球温帯域を中心に分布する原始的なゾウムシの系統は、その一部が、ニューギニアとその周辺地域にまでは進出できたが、それより西側の地域にまでは進出していない。

さらに、第三紀後半からの気温の低下と、繰り返し訪れた氷河期の際、インドシナ系あるいは旧北区系の温帯系分類群が、連続した植生のある山系を通じ東南アジア地域にまで南下し、熱帯的な要素に加え、温帯系要素が加わった。これらの分類群は、その後の島嶼化により地域分化を起こし、現在のような多様性が形成された。

ゾウムシ相から見た東南アジア地域の多様性の中心は、ニューギニアとフィリピンにあり（表4－1）、ニューギニアはオーストラリアを

通じたゴンドワナ起源の古い系統を温存しつつ、複雑な地史の影響も合わさり、ホウセキゾウムシ族 Eupholini やヒメカタゾウムシ族 Celeuthetini、カタゾウムシ族 Pachyrhynchini などが分化している。固有率は、種レベルで八六パーセントと高く、固有属は一一四属と東南アジア内では最も多い。

フィリピンは、地史的には新しい地域であるが、多数の島からなり、とくにカタゾウムシ族やそれに擬態した分類群の著しい適応放散が見られる。種レベルの固有率は、八七・五パーセントと東南アジア内では最も高く、固有属はニューギニアに次いで多い。どちらの地域においても、多数の種に分化している分類群は、飛ぶための後翅が退化した移動分散能力の低いものが多く、近年の地史的影響を受けて、比較的最近分化したものと考えられる。

以上のように、東南アジア島嶼の成立は、地史的に見れば比較的最近の出来事で、この地域のゾウムシ相の多様化も、近年の地史的影響を反映したものと考えられる。このことがジュラ紀起源の原始的分類群が少ない要因の一つではないかと推測している。

4　植物との関わり

植食性の甲虫であるゾウムシの進化は、植物の進化と密接に関わっている。ゾウムシの祖先的な食性や寄主植物との関わりは、ソテツへの適応から始まったと言われていたが(Crowson, 1991；Farrell, 1998)、この見解は化石群の誤認識に基づくもので、最近では、裸子植物の針葉樹を利用し、成虫、幼虫ともにその花粉を食べていたという説が有力である(Oberprieler, 2000)。この食性は、現生のゾウムシで、もっとも起源が古いとされるチョッキリモドキ科系列の一部に見られ、ゾウムシ上科の姉妹群とされるハムシ上科の中でも、最も起源が古いとされる分類群と共通した食性でもある。

ジュラ紀に起源したゾウムシの系統は、その頃繁栄していたナンヨウスギなど、裸子植物の針葉樹を利用していたと推定されている。白亜紀になると、裸子植物に代わり被子植物が繁栄しはじめ、白亜紀以降に起源したゾウムシの系統は、被子植物が起源するのとほぼ同時期に分化して適応放散した。ジュラ紀起源の系統も、白亜紀以降は、被子植物への二次的適応が起こった。また、その反対で、白亜紀以降に起源した系統も、針葉樹など裸子植物や、より起源の古い植物への適応が二次的に起こっている。例えば、ミツギリゾウムシ科系列やゾウムシ科系列の中に、ソテツを利用するものが知られるが、これらの分類群のソテツへの適応は、明らかに二次的に起こったものである（後述）。

ゾウムシ上科の中で、もっとも繁栄したゾウムシ科系列は、その起源が被子植物の分化にタイムリーにマッチしたことが、多様化を導いた原因の一つと考えられる（Anderson, 1995）。そして、この系列の中での、被子植物への適応は、単子葉植物を利用することから始まったと推定している。ゾウムシ科系列の中でも、とくに交尾器形態等に祖先的状態を残し、初期に分化したとされるグループに、イボゾウムシ科 Brachyceridae、オサゾウムシ科 Dryophthoridae、イネゾウムシ科 Erirhinidae が含まれる。イボゾウムシ科はアフリカの乾燥地帯を中心に分布し、ヒガンバナ科など乾燥地のユリ目単子葉植物を利用する。オサゾウムシ科は湿潤な熱帯域を中心に分布し、ヤシ科やショウガ科など湿潤熱帯の単子葉植物を、イネゾウムシ科は、温帯域を中心に分布し水生の単子葉植物を利用する。

ゾウムシ科系列の姉妹群にあたるミツギリゾウムシ科系列に、単子葉植物を利用するものは知られておらず、白亜紀以降起源し、ゾウムシ科系列の姉妹群にもかかわらず、構成種数に大きな違いが見られるのは、単子葉植物から双子葉植物に至る被子植物をゾウムシ科系列のように包括的に利用できたか否かが影響していると考えられる。

単子葉植物の系統的位置について未だ定説はないが、被子植物の系統の中でも比較的初期に分化した一群であることが、最近の分子系統学的研究からも分かってきており（Soltis *et al*., 1999 など）、ゾウムシ科系列の寄主利用の進化と、被子植物の系統とは大筋で一致する。

ここでは、とくに東南アジアに分布する原始的なゾウムシの寄主植物と原始的な植物を利用するゾウムシについて紹介したい。

原始的なゾウムシの寄主植物

東南アジアに生息する原始的なゾウムシにヒゲナガゾウムシ科と広義のアケボノゾウムシ科に含まれる仲間がいる。このうちヒゲナガゾウムシ科は、ジュラ紀に起源したチョッキリモドキ科系列と多数の祖先形質を共有することから、古い形態的特徴をとどめているが、チョッキリモドキ科系列から白亜紀以降、菌食性を獲得し分化したと考えられており、この見解が正しければ、起源的にはそれほど古くはない。東南アジアにも多数の種が分布するが、菌食で、成虫は倒木や朽木に産卵し、植物との密接な関係はない。

アケボノゾウムシ科は、南半球を中心に分布し、化石群はジュラ紀から知られている。本

写真 4－3　*Arenga westerhoutii*（ヤシ科）と *Metrioxena* 属（アケボノゾウムシ科）の一種（マレー半島産，未記載種）。矢印は花序を示す。*Metrioxena* 属は直線状の触角と鋸歯状の前胸側縁隆起状が特徴。スケール：5㎜

科の寄主植物、食性は多様だが、祖先的形態を有するものは、ナンヨウスギなどの針葉樹を利用し、幼虫はその枯れ枝や朽木内に生息する。東南アジアには、広義のアケボノゾウムシ科系列に含まれるOxycoryninaeの仲間であるMetrioxeniniが分布し、この地域では唯一、ジュラ紀起源の祖先を持つゾウムシの一群となっている（写真4－3）。Metrioxenini族は、化石種がバルト海周辺や北米など北半球の比較的高緯度地域から知られるが、現生種は、東南アジア地域のみから知られる。本族はヤシと関連がありそうなことが知られていたが、生態的知見が乏しく、ほとんど採集されることのなかった珍しいゾウムシであった。最近、マレー半島における調査で、成虫がヤシの花に多数集まることが分かり、さらに、その後の調査では、幼虫も花柄内から見つかり、ヤシを寄主植物としていることが明らかとなった。成虫は、その花粉媒介にも関与していると考えられ、マレー半島では、クロツグやサトウヤシの含まれる *Arenga* 属のヤシには、数百から数千頭にも及ぶ、多数の種からなる本族が集まる（Kojima, in prep.）。

東南アジアに生息する原始的系統のゾウムシは、必ずしも裸子植物などの原始的な系統の植物を利用しているわけではない。

原始的植物を利用するゾウムシ

もともと針葉樹を利用する原始的な系統のゾウムシは、ニューギニアを除き、東南アジアからは知られていないが、それよりも原始的な植物であるソテツにつくゾウムシがいくつか知られる。

東南アジアにはソテツの中でも最も古い系統に属する *Cycas* 属のソテツが分布し、幹の

写真 4－4　*Cycas* sp.（ソテツ科）の雄株と *Tychiodes* 属群（ゾウムシ科）の一種（タイ産，未記載種）。*Tychiodes* 属の基準種は日本から記載された *T. adamsi* で，原記載以降記録がない。同属他種の生態から本種も日本に自生するソテツ *Cycas revoluta* につくことが推定されるが，これまでの調査では見つかっておらず，絶滅した可能性もある（写真は Dr. R. Oberprieler, CSIRO 提供）

枯死部には、ゾウムシ科のキクイゾウムシ亜科が、花やその枯死部には、ヒゲナガゾウムシ科のワタミヒゲナガゾウムシ *Araecerus coffeae* が集まる。

しかし、これらのゾウムシは、ソテツに特化しているわけではなく、他の植物の同様な状態の部位にもつく。ソテツと密接な関わりをもつとされるゾウムシは、ゾウムシ科の *Tychiodes* 属群と言われる仲間で、一見キクイゾウムシを思わせる体つきを呈するが、分類学的所属は確定しておらず、最近ではアナア

表4－2　ソテツを利用するゾウムシ

	アフリカ	アジア	オーストラリア	中南米
ヒゲナガゾウムシ科	Anthribini (*Apinotropis*)			
アケボノゾウムシ科 Oxycoryninae				Allocorynini* (*Rhopalotria*, *Parallocerynus*)
ミツギリゾウムシ科	Antliarhinini (*Antliarhinus*, *Platymerus*)			
オサゾウムシ科	Rhynchophorini (*Phacecorynes*)			
ゾウムシ科 Molytinae	Amorphocerini* (*Amorphocerus*, *Porthetes*)	Trypetidini* (*Tychiodes* group)	Molytini* (*Tranes* group)	

*は送粉者を示す。なお、ゾウムシ科については送粉者のみを示す

キゾウムシ亜科のTrypetidini族に入れられる（写真4－4）。これまでにおよそ三〇種（大半は未記載種）が、インド、アンダマン、タイ、ベトナム、フィリピン、ニューギニア、ソロモンから知られ、日本からも記録がある。これらのゾウムシは、*Cycas*属のソテツの雄花に多数集まり、幼虫も球果内で生育する。雌花へは、雄花が出す誘因物質と似た物質につられて（あるいはごまかされて）訪花し、受粉が成立する。ゾウムシ相は、ソテツの種や地域ごとに異なるようで、*Tychiodes*属群は、*Cycas*属の有力な花粉媒介者と考えられている（Oberprieler, 2000）。

ソテツはかつて風媒花とされていたが、最近では虫媒花が多く、ソテツの種に特異的なゾウムシは有力な花粉媒介者となっている。また、ソテツを利用するゾウムシや花粉媒介に関与するゾウムシは、地域（大

陸）ごとに異なり（表4-2）、別系統のゾウムシ（ヒゲナガゾウムシ科 Anthribidae、アケボノゾウムシ科 Belidae、ミツギリゾウムシ科 Brentidae、オサゾウムシ科 Dryophthoridae、ゾウムシ科 Curculionidae）が関与している。このことはソテツへのゾウムシの適応が、独立に進化したことを示している。ゾウムシにおけるソテツへの適応がどのように起こったかは、それぞれの近縁群の寄主利用様式から推定でき、被子植物食の、なかでもヤシなど単子葉食の系統から寄主転換し派生した可能性が高い。また、その起源は、ソテツが出現した古い時代からのものではなく、白亜紀後期から第三紀にかけてと、ゾウムシの歴史からすれば比較的新しい時代に適応したと考えられている。このことは、ゾウムシ、およびゾウムシの花粉媒介を獲得したソテツの属ともに、形態的に類似した多数の種から構成され、互いが現在も種分化の途上にあるという状況からも窺える。

二億年以上前に起源した原始的な植物であるソテツは、現在では、世界的に見れば分布域が狭められ、絶滅の危機に瀕し、細々と生き延びている種も少なくない。そんな状況の中でも、ゾウムシによる花粉媒介を獲得したソテツの属では、種レベルでの多様化が見られ、ソテツの生存・繁栄にゾウムシが深く寄与している状況が窺える。そういったソテツは、形態的に類似した多数の同胞種（隠蔽種）を含み分類が難しいと言われているが、種特異的と言われるゾウムシの分類が進展することで、ソテツの分類、ひいては保全にも貢献すると期待されている。

ゾウムシの多様化と被子植物の起源地（？）熱帯アジアでの研究の展開

前述のように、東南アジアのゾウムシのみを見た場合、原始的な系統のゾウムシは、裸子植物など原始的な植物は利用しておらず、ヤシを利用し、原始的な植物を利用するゾウムシは、むしろ派生的な系統であるといった状況が認められる。しかし、興味深いことは、どちらのグループも生殖器官である花に集まり、花粉媒介に関与するという共通した性質をもつことである。ヤシ、ソテツは系統的には全くかけ離れた分類群であるが、それらを利用するゾウムシには関連がありそうで、アジアの Metrioxenini と同じ亜科に含まれる中南米の Allocorynini は、ソテツの送粉者を含む。また、アジアで *Cycas* 属の送粉者とされる *Tychiodes* 属群の含まれる Trypetidini 族はじめ、オーストラリアで *Macrozamia* 属や *Lepidozamia* 属ソテツの送粉者として知られる *Tranes* 属群の含まれる Molytini 族、送粉者ではないが南アフリカで *Encephalartos* 属ソテツにつく *Phacecorynes* 属の含まれるオサゾウムシ科など、いずれのグループにおいてもヤシと密接に関連する分類群が多数含まれる。

このような状況からも、前述のようにソテツへの寄主転換はヤシなど単子葉食の系統から生じた可能性が高い。そのシナリオは、送粉者であればゾウムシが花という生殖器官に適応し、その後、ヤシと生息環境が近く、外見も類似した(!?)ソテツへ寄主を転換したというものである。

このシナリオの真偽は今後さらに検証していく必要があるが、いずれにせよ、単子葉植物など、被子植物の系統で初期に分化した植物とゾウムシの関係が、今後、生物界最大の分類単位となったゾウムシ科系列の進化を考えていく上でもっとも注目される。植物と密接に関わって進化してきたゾウムシの系統の解明は、いまだ未知である被子植物の初期分化の解明にも貢献するであろう。その際、熱帯アジアは、被子植物の起源地とも言われていたほど、原始的被子植物が多く分布する地域で、ゾウムシ―植物の共進化を考える際の重要なフィールドとなる。

(小島弘昭)

参考文献

Anderson, R. (1995) An evolutionary perspective on diversity in Curculionoidea, *Mem. ent. Soc. Wash.*,

14, pp. 103-114.

Crowson, R. A. (1991) The relations of Coleoptera to Cycadales, In Zunino, M., Bellés, X. & Blas, M. (eds.), *Advances in Coleopterology*, Asociation Europea de Coleopterologia.

Evans, A. V. & Bellamy, C. L. (1996) *An Inordinate Fondness for Beetles*, Henry Holt and Company, Inc., New York.

Farrell, B. D. (1998) "Inordinate Fondness" explained : why are there so many beetles?, *Science*, 281, pp. 555-559.

Hall, R. & Holloway, J. D. (eds.) (1998) *Biogeography and Geological Evolution of SE Asia*, Backhuys Publ., Leiden.

Maddison, D. R. (1995) Coleoptera, The Tree of Life Project. http://tolweb.org/tree?group=Coleoptera

Morimoto, K., Kojima, H. & Miyakawa, S. (2006) *The Insects of Japan, No. 3. Curculionoidea : General Introduction and Family Curculionidae : Entiminae* (*Part 1*) : *Phyllobiini, Polydrusini and Cyphicerini*, Touka Press.

Oberprieler, R. (2004) "Evil weevils" - the key to cycad survival and diversification? In Lindstrom (ed.), *Proceedings of the Sixth International Conference on Cycad Biology*.

Soltis, P. S., Soltis, D. E. & Chase, M. W. (1999) Angiosperm phylogeny inferred from multiple genes as a tool for comparative biology, *Nature*, 402, pp. 402-404.

小島弘昭（二〇〇四）「ゾウムシ上科の系統分類学概説」『昆虫と自然』39（4）、二二一—二二六頁。

第II部　人との関わり

第五章　アジアで害虫と戦う

1　農業害虫と生物的防除

わが国で問題になっている農業害虫の多くが、外国産の侵入害虫である。日本への侵入経過は様々であるが、やはり、身近なアジア諸国からの侵入者が多い。また、わが国とアジア諸国で問題になっている共通の害虫も多い。食の安心・安全の確保と環境負荷の小さい農業のために、化学農薬の使用を低減できる害虫防除技術の開発が求められているのは、わが国だけでなくアジアの国々でも同じである。化学農薬使用量低減のための害虫防除技術として、総合的害虫管理（IPM）が重要である（中筋、一九九七）。IPMとは、様々な害虫防除技術を組み合わせて総合的に害虫の密度を、被害が許容できる密度以下に維持する技術である。IPMで利用される害虫管理技術のうち、その中心になるのは、害虫の天敵を利用する技術、すなわち生物的防除である（高木、二〇〇四）。

九州大学農学研究院附属生物的防除研究施設では、わが国における、難防除害虫の生物的防除に関する研究に取り組んできた。その中で、日本における生物的防除に関する研究を進めるうえで、アジア諸国の研究者との協力関係が重要であることを痛感した。それは、一九八七年に宮崎県で、トマト、キュウリ、ピーマンなど果菜類にたくさんのかすり傷を作る、ミナミキイロアザミウマという、それまで知られていなかった害虫が発見されたことから始まった。

2　ミナミキイロアザミウマの天敵探索

ミナミキイロアザミウマは、今日でも依然として果菜類の重要害虫で、わが国だけでなく、多くの国で農家がその防除に手を焼いている（写真5－1）。成虫でも一～二ミリの非常に小さな害虫であるが、花の中に潜って、まだ小さいうちの果実をかじり、傷を残す。この傷は、果実が大きくなったときに大きな傷となって広がり、特に、野菜の外見が価格を大きく左右するわが国の市場では大問題となる（写真5－2）。この害虫は、わが国では宮崎県で発見された後、全国に分布を広げた（永井、一九九四）。本種は、東南アジアからアフリカにかけての熱帯原産なので、わが国の野外では越冬できない。それなのに、加温されたハウスの中では冬期も増殖をくりかえす。

ミナミキイロアザミウマは、過度の化学農薬散布の結果、薬剤抵抗性を獲得しており、化

写真５－１　ミナミキイロアザミウマ

写真５－２　ミナミキイロアザミウマの被害を受けたナス

学農薬でこの害虫を十分防除するのは困難であった。露地ナス農家では、週に二回以上農薬を散布しても、ますますこの害虫が増え続け途方にくれていた。明らかにリサージェンスが起きていた。リサージェンスとは、不注意な化学農薬散布の結果、害虫の天敵までも殺してしまうなどの逆効果で、かえって害虫の大発生を招くという現象である。さらに、わが国は温帯なので、土着の昆虫は害虫も天敵も、短日条件の冬期は休眠してしまう。これに対して、熱帯産の害虫は温度さえ上がればいつでも発育できるので、ハウスでは冬でも問題になる。困ったことに、わが国の土着天敵は、冬期の短日条件では休眠してしまい活動できない。一方、その害虫の原産地の熱帯に効果的な天敵がいれば、その天敵をわが国に導入して生物的防除資材として利用する価値がある。

一九八七年に、広瀬義躬博士をリーダーとする九州大学農学部附属生物的防除研究施設のチームで、このミナミキイロアザミウマの天敵探索を東南アジアで行った（Hirose *et al.*, 1993）。主なターゲットはタイとした。それは、タイからハワイに輸入されたランの苗にミナミキイロアザミウマが発見されたという報告があり、タイがこの害虫の原産地の一つである可能性が高かったからである。しかし、それまでタイからのミナミキイロアザミウマの報告はなかった。むしろ、タイで問題になっているアザミウマはネギアザミウマということであった。しかし、微小なアザミウマのなかでも、ネギアザミウマとミナミキイロアザミウマは、どちらも黄色で、肉眼では識別は困難である。タイでの天敵探索の結果、バンコク近郊の野菜栽培地帯の農薬散布されたナス畑で、日本の露地ナスと同じように、明らかにリサージェンスによると思われる、それまでタイからは報告されていなかったミナミキイロアザミウマの大発生を目の当たりにして愕然とするまで、時間はかからなかった。バンコク近郊の野菜栽培地帯では、有機リン系の非選択性化学農薬を多用しており、ミナミキイロアザミウマは大発生していても、天敵は全く発見できなかった。

バンコクだけでなく、北部タイのチェンマイやチェンライまで天敵探索の範囲を広げたが、多くの野菜畑でミナミキイロアザミウマが大発生しているのを確認した。しかし、どの野菜畑も化学農薬が頻繁に散布されているのは明らかで、天敵は全く発見できなかった。ある日、何気なく農家の庭先にある家庭菜園に植えてある数本のナスを調査したところ、アザミウマ類の天敵である可能性が高いハナカメムシを発見した。

このハナカメムシは新種で、その後、ヒメジンガサハナカメムシと名前が付けられた（写真5－3）。ヒメジンガサハナカメムシの食性について調べたところ、アザミウマ類だけでなく、ハダニやアブラムシも食べる強力な天敵であることが明らかになった。この発見以

写真5－3　ヒメジンガサハナカメムシ

降、天敵探索の対象を大きな野菜畑から、家庭菜園のような小さな野菜畑に変更したところ、数種のアザミウマ天敵が発見できた。出荷用に大規模に野菜を作っている畑には、頻繁に化学農薬が散布されているが、自家消費用の家庭菜園にはほとんど化学農薬は散布されていないからである。

このような家庭菜園には、いろいろな害虫もいるがその天敵もたくさんいて、害虫が大発生することはない。ただし、害虫も皆無ではないので、被害が全く出ないわけではない。外見的には少し問題があっても、自家消費用には全く問題がないというのである。これは、日本の農村地帯でも同じであった。タイから帰国した後、それまで調査していた出荷用のナス畑だけでなく、家庭菜園に植えてある数株のナスを調査したところ、そこでは、土着種のハナカメムシ類など、ミナミキイロアザミウマの有力天敵が活発に活動しているのが明らかになった（Hirose *et al.*, 1999）。

タイで発見したヒメジンガサハナカメムシは、残念ながら大量飼育が困難なので、天敵農薬としての商品化は断念した。しかし、日本産ハナカメムシ類のうち、比較的に休眠性が低く、かつ大量増殖が簡単なタイリクヒメハナカメムシが天敵農薬として商品化され、一般のハウス農家でも使われるようになった。さらに、その後開発された天敵に影響の少ない化学農薬との併用で、ナスやトマトなどで、減農薬の総合的害虫管理システムがとりあえず構築されている（梅川ら、二〇〇五）。

3　東南アジアの野菜害虫

一九九九年、国際協力事業団（現国際協力機構）の短期専門家としてハノイを訪れた。ベトナムの植物防疫部（ＰＰＤ）の行政官から「ベトナムでは、アメリカから枯葉作戦の攻撃を受けたときから化学農薬の恐ろしさは十分承知しており、ＩＰＭの思想は農民にも徹底している。従って、先進国で起こっているような化学農薬の弊害はない」と説明を受けた。し

写真5－4　ハノイ市近郊の畦道に散乱した化学農薬の空き袋

写真5－5　ダラット市近郊のキャベツ畑

かし、実際にハノイ市近郊の野菜栽培地帯に行ってみると、畦道などに化学農薬の空き袋が散乱しており、実際には農家が化学農薬を大量に散布しているのは一目瞭然であった（写真5－4）。このように、タイやベトナムのような、経済の急発展が進んでいる東南アジア諸国での化学農薬使用の実態はかなり問題がありそうで、いつか調べてみたいと思った。

そんな折、二〇〇三年から科学研究費で東南アジアの野菜害虫の総合的防除について調査できることになった。そこでまず、ベトナムを訪れた。ベトナムは、本来は社会主義国であるが、一九八六年に始まったドイモイ（刷新政策）以降、農家が野菜などを個人的に栽培して販売することも自由になった。その結果、ハノイ市やホーチミン市の近郊では、都市向けの野菜栽培をして現金収入を得ようとする農家が増加し、そこでは、化学肥料や化学農薬が大量に使用されていた。しかも、明らかに化学農薬を頻繁に散布している野菜畑でリサージェンスが起こり、ハモグリバエやアザミウマが大発生していた。

次に、南部ベトナムの高原都市、ダラットに向かった。ダラット周辺は、高原野菜の一大産地として有名で、一年中気候が温和なこの地方では、年間を通してキャベツなどの野菜栽培が可能である（写真5－5）。近年では、キャベツなどの高原野菜をベトナム全国へ向けて出荷している。熱帯の低地にあるベトナム最大の都市、ホーチミン市近郊では、野菜栽培が

写真５－６　コナガ

写真５－７　キスジノミハムシ

写真５－８　フエ市城壁の野菜畑

不可能な雨期には野菜の価格が上昇し、それをねらって作付けするという。気候とは関係なしに、作付け面積が増加するという。さらに害虫の発生が連動しているわけである。ダラット周辺のキャベツ畑では、コナガ（写真5－6）とキスジノミハムシ（写真5－7）が問題だということで、化学農薬が多用されていたが、よく観察すると、他のチョウ目害虫も潜在的に問題があるのは明らかであった。農薬販売店を訪れると、多種多様な化学農薬が販売されていた。

南北に長いベトナムのちょうど中部に位置するフエは、日本でいえば京都に当たり、古くはベトナムの王様が住む首都であった。旧市街は城壁に囲まれており、この城壁の上の狭い土地を利用して各種野菜が栽培されている（写真5－8）。ここでも野菜農家は化学農薬を多用しており、それでも害虫の被害を防除しきれずに困っていた。地域に即した試験研究に基づいた防除体系が確立しているわけではないので、農薬販売業者が勧めるままに色々な化学農薬を手当たり次第に散布している。特に、ネギに対するネギハモグリバエの被害は深刻で、週に一、二回農薬を散布しても十分な防除効果が得られずにいる。周年を通して連続的に小ネギ栽培が続けられており、害虫も年中発生していた。

ベトナムには在来のネギの品種が、かつては多数あり、これらの品種では害虫はあまり問題がなかったようである。しかし、現在の農家が栽培しているのは、ほとんどが日本からの品種である。「日本から来た品種は、以前のより柔らかくて丈も高くなる。今度来るときは、日本のもっと新しい品種の種を買ってきてくれないか」と農家から頼まれた。日本の小ネギ施設栽培とそっくりのものを露地栽培に変えたかたちで、害虫の発生状況もそっくりそのままということである。「少し高くてもよいから、ほんとに効く薬があったら是非持ってきてくれ」とも頼まれた。

ハノイにある国立作物保護研究所（ＮＩＰＰ）の研究者の話を総合すると、ベトナムにおける病害虫研究の状況は、ちょうど、第二次世界大戦直後の日本と同じであった。恒温器や顕微鏡が故障したまま使用不可能で、研究のインフラは非常に悪かった。しかも、日本と

写真５－９　バンコク近郊の野菜畑

写真５－10　手おし小舟に乗せたポンプによる散水

違って、農業試験場が各県にあるわけではなく、南北に長いベトナムで、地域によって異なった病害虫の発生状況に対応できていない。南北の長さが、西南諸島を除いた日本と同程度のベトナムは、位置的には、札幌が首都ハノイであれば、福岡がホーチミンに当たる。亜熱帯から熱帯まで、それに海岸から山岳地帯まで、同じ作物を栽培するにしても、地域によって気候や栽培体系が異なっており、地域ごとに異なるべき重要病害虫の的確な防除体系が確立できていない。その結果、農家は自分の判断で化学農薬を試行錯誤的に散布している。

一方、タイは、経済の急成長の後、バブルがはじけ壊滅的な経済危機を迎えたが、それを乗り越え、もはや発展途上国ではないと自負している。大都市向けの野菜市場はますます大きくなっている。東南アジア最大の都市バンコク周辺には、古くから野菜栽培地帯が広がっている。中でもバンコク近郊北部のノンタブリ地区は、以前から、高畝方式の独特な栽培形態で、葉物などの軟弱野菜栽培を行う有名な産地である（写真5－9）。畝の間が水路になっており、水位を一定に調節することにより、灌漑と排水を同時に管理している。ポンプを乗せた小舟をこの水路に浮かべ、定期的に散水するという灌漑方式である（写真5－10）。

ここでは昔も今もずっと化学農薬を多用している。しかし、かつての有機リン系の化学農

写真 5 -11　農業資材店に並んだ農薬の数々

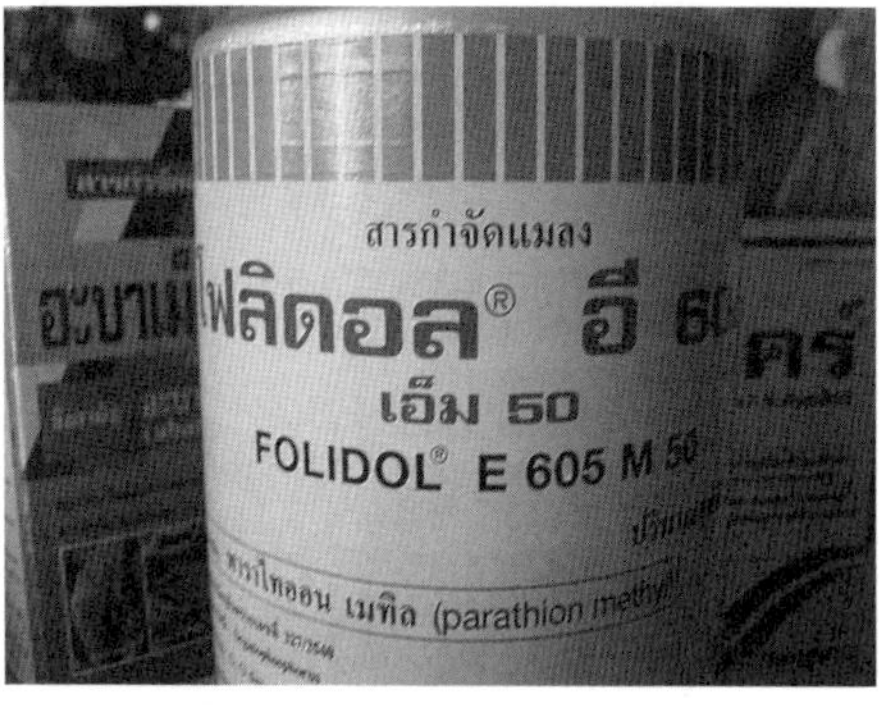

写真 5 -12　メチルパラチオン

薬に代わって、イミダクロプリドなどの日本でも馴染みの、より新しい化学農薬が使われていた。いくら値段が高くても、病害虫をきちんと防除できる化学農薬があれば教えてほしいというのが、野菜農家の切実な願いである。

バンコク近郊西部のカンパンサンは、かつては不毛の台地であったが、灌漑が完備された後、まずサトウキビの一大産地になった。しかし、タイ経済が好転した今日、より土地生産性の高い野菜栽培に変わり、ナスやウリ類をはじめとして、アスパラガスやヤングコーンの栽培が広がりつつある。これらのうちアスパラガスやヤングコーンの栽培は、栽培法を日本などの商社が指導しており、化学農薬の使用も輸出相手国の日本の基準に合わせて制限されているということであった。しかし、国内向けの野菜大規模栽培には、入手できるあらゆる農薬が使用されており（写真5－11）、日本ではとっくに使用が禁止されているメチルパラチオンなども、いまだに使用されている（写真5－12）。

4　減農薬の取組み

わが国では、食の安全・安心のために、化学農薬の使用をできるだけ少なくするための病

写真５−13　タイ北部で王室プロジェクトとして実施されている有機農産物の集荷場。山岳少数民族の女性による袋詰め作業の様子

害虫防除技術の研究が、農林水産省と各都道府県の試験場、それに大学の病害虫関連研究室で、精力的に進められている。質の高い食料の安定供給には、化学農薬による病害虫の防除はある程度不可欠である。生物的防除などを併用して、いかに化学農薬の使用を控えるかということであろう。

食の安全・安心に消費者が注意を払うようになったのは日本ばかりではない。タイの首都バンコクの大型スーパーマーケットでは、いわゆる有機栽培野菜が、少々値段が高くても結構売れている。それは、日本と同じように経済的に裕福になった中間層の都市住民にとって、「食の安全」はブランドに頼るしか情報がないからである。

タイ北部チェンマイ郊外の山間地で、王室プロジェクトによるブランド野菜栽培が始まっている。もともと、貧困だった北部タイの山岳少数民族は、非合法なケシの栽培などで現金収入を得ていた。そこで、タイ国民に広く人気がある国王自らがプロジェクトを起こし、その現状打破に乗り出した。高原野菜栽培を、IPMを基礎にした有機栽培を行いブランドを確立し、大都市に出荷するというのである（写真5－13）。

この王室プロジェクト有機農産物出荷場には農薬検査室が完備されていた。しかし、日本で考えるような残留農薬検査システムとは異なり、有機リン系農薬を検出できる程度の機器が、とりあえず備えてあるというものであった。このプロジェクトの現地部落にある雑貨店では、数々の化学農薬が販売されており、高品質の野菜を、年間を通じて安定生産するには、化学農薬の多用に頼らざるを得ないということに、変わりはないようであった。

東南アジアのタイやベトナムでは、経済発展に伴い、野菜の大規模栽培地帯が広がりつつあることを紹介した。もちろん、これらの国でもIPMの重要性は一般的に認識されている。しかし、実際の農業現場では化学農薬が多用されている。さらに、この状況は東南アジア全体に拡大しつつあるというのが現状である。

わが国が歩んだのと全く同じ道を、東南アジア諸国も追っているのである。しかし、熱帯では害虫が日本以上に発生するので、減農薬を目指すのはさらに困難なのかもしれない。その一方では、天敵も質量ともに温帯の日本を上回るものがあり、東南アジアにおける野菜害虫のＩＰＭに関する研究に、日本での研究成果が生かせるはずである。

（高木正見）

参考文献

Hirose, Y., Kajita, H., Takagi, M., Okajima, S., Napompeth, B. & Buranapanichpan, S. (1993) Natural enemies of *Thrips palmi* and their effectiveness in the native habitat, Thailand, *Biological Control*, 3, pp. 1-5.

Hirose, Y., Nakashima, Y., Takagi, M., Nagai, K., Shima, K., Yasuda, K. & Kohno, K. (1999) Survey of indigenous natural enemies of the adventive pest *Thrips palmi* (Thysanoptera ; Thripidae) on the Ryukyu Island, Japan, *Appl. Entomol. Zool.*, 34, pp. 489-496.

梅川學・宮井俊一・矢野栄二・高橋賢司（二〇〇五）『ＩＰＭマニュアル―環境負荷低減のための病害虫総合管理技術―』総合農業研究叢書第55号、独立行政法人農業・生物系特定産業技術研究機構　中央農業総合研究センター。

高木正見（二〇〇四）「生物的防除」桑野栄一・首藤義博・田村廣人編『農薬の化学―生物制御と植物保護―』朝倉書店、二一二―二二二頁。

永井一哉（一九九四）『ミナミキイロアザミウマ　おもしろ生態とかしこい防ぎ方』農山漁村文化協会。

中筋房夫（一九九七）『総合的害虫管理』養賢堂。

第六章　アジアの昆虫利用文化

1　昆虫利用の形態

アジアに限らず、世界中のあらゆる地域で人類は古くから昆虫を利用してきた。Metcalf & Metcalf（1999）は多岐にわたる昆虫利用を、①有用物生産、②花粉媒介、③食料、④天敵、⑤雑草駆除、⑥土壌改良、⑦分解者、⑧科学研究材料、⑨鑑賞、⑩医薬品、に分類して整理した。また、野中（二〇〇五）は昆虫そのものを研究する「基礎昆虫学」に対して、「人間と昆虫との関わり」の研究を、「応用昆虫学」、「文化昆虫学」、「民族昆虫学」の三つの枠組みに体系化している。これらの観点からすれば、昆虫の多様性と進化を題材にした本書の第一部は、いわば「基礎昆虫学」（Metcalf & Metcalf の分類でいえば、まさに⑧がこれにあたるだろう）に相当するものであるし、続く第二部の前半（第五章）では、まさに実用的・生産的な側面（同分類でいえば、主として、①、②、④、⑤、⑥、⑦、⑩）から昆虫の特性を研究する「応用昆虫学」の最前線が紹介されていることになる。そこで本章では残された③食料（昆虫食）や⑨鑑賞（娯楽対象を含む）を具体的な切り口として、筆者自身の実体験も交えながら「文化昆虫学」や「民族昆虫学」の観点から日本を含むアジアにおける昆虫利用をとらえてみたい。

2　食料としての昆虫利用文化

タイのフィールドでのエピソード――採るか？　食べるか？――

（1）静かすぎる森

走るというより、泳ぐという表現がぴったりするような蛇行をくり返しながら、とんでもなくぬかるんだ赤茶けた林道をランドローバーがやっとのことで前進する。幌もないむき出しの荷台に、それこそ安定の悪い荷物のように詰め込まれた乗客の我々は、少しでも気を抜くと車体が大きく揺れる度に荷台から放り出されそうになるのを必死に堪え続けていた。標高が一、〇〇〇メートルを超えた頃、木々の間から遠くの山肌に目的とする山岳民族の集落が垣間見えた。荷台の縁を握り続けていた手は痺れ握力はほとんどなくなっていた。心臓はバクバクと拍動し、頭はガンガンして、目の焦点は定まらず、思考もほとんど停止している。しかしそれでもやっと見えた目的地に安堵しつつ、期待に胸が高鳴った。

一〇年程前、京都大学の調査隊の一員として、タイ北端部の山岳地帯を訪ねた時の一コマである。この地域は、憧れのテングアゲハやシボリアゲハの生息地でもあり、出発前から一人で何度も地図を開いては夢を膨らませた。

最初に集落を垣間見てからさらに一時間近くの遊泳を経て、車はやっと村の入り口に辿り着いた。集落の周りは伐採と開墾が進んでいるが、背景には緑豊かな山々がそびえ立っている。集落の周辺で道端を優雅に飛ぶマダラチョウや路上の牛糞に群がる糞虫をひとしきり採集した後、今度は徒歩で山を目指す。行く手にそびえる山は鬱蒼たる森林に被われ、吹き上げ採集によさそうな尾根筋もある。成果に対する期待はいつしか十分な確信に変わっていった。

しかし、現実はそう甘くはなかった。歩けど歩けどめぼしい成果どころか、さっぱり虫が採れない。正確に言えば、虫は確かにいた。しかし、それはすでに採集したマダラチョウや糞虫ばかりであり、そのほかの昆虫がほとんど何も採れないのだ。

三時間近く歩いて山が目前に迫ってくると遠くからは原生林のように見えた森には意外に人手が入っており、下草がきれいに刈り取られ、あたかも整備されたヨーロッパの公園のようであることがわかった。林内には縦横無尽に踏み跡が続いている。要するにこの森は村人が「薪」を採取するための森だったのだ。林床には倒木どころか、小枝一つ落ちてはいない。これでは枯木にあつまるカミキリムシやタマムシはもちろん、枯木が腐った朽木に発生するクワガタムシやクロツヤムシなどが期待できるはずがなかった。しかし、それにしても何かがおかしい。同行していた両生爬虫類の調査班の方も成果はさっぱりだという。確かに、ここに来るまでに、道を横切ったり、林床をチョロチョロと這い回るはずのトカゲの姿すら全く見ていない。あらためて見回すと森が静かすぎる。何というか、森に生気が全く感じられないのだ。風にそよぐ葉っぱ以外、動くものといえば優雅に飛ぶマダラチョウぐらいのものである。

（2）すべては腹の中

「森がこれほどまでに静かなのは一体なぜなのか？」、そんな我々の疑問は、その後にすれ違った一人の村の男性がすべて解決してくれた。男性は籐で編んだ大きな「びく」を肩からかけ、手には大きな鍬を持っていた。我々が昆虫や小動物を採集しているらしいことを見て取ったのか、彼は我々に「びく」の中身を得意気に見せてくれた。びくの中にはおびただしい数のシロアリと数十頭のオオコオロギがうごめいていた（写真6-1）。これらの虫をどうするのかと彼に尋ねると、彼はけげんそうな顔をして、「食べるに決まっているだろ」と言ったのだ。

写真6－1　食用に採集された大量のオオコオロギ（タイ北部の山村にて）

そう、森に生気が感じられないのも道理、両生爬虫類はもちろん、主だった昆虫はすべて彼ら村人に食べられてしまっていたのである。残っていたものは毒蝶のマダラチョウと食欲をそそらない（？）糞食の糞虫だけだったのだ。食虫文化で有名なタイではあるが、まさかここまでとは思わなかった。その夜、村に宿泊した我々が昆虫食の洗礼をうけたことは言うまでもない。各家庭で米を発酵させて作った「どぶろく」のような地酒を片手に、その晩、我々が口にしたのはオオコオロギにクリイロコガネに似たコガネムシやゲンゴロウ、ガムシなどの甲虫類、それにイモムシだった。コオロギは巣穴を掘って、また、甲虫類は集落の明かりに飛来したものを集めたという。イモムシはタケメイガの幼虫でその名のとおりタケの中から採取したとのことだった。ゴミムシやオサムシ類に近縁で、捕まえると臭い匂いを出すゲンゴロウ類はさすがに少し「臭み」を感じたが、いずれの虫もタイの醤油であるナム・プラー（魚醤）と唐辛子でピリ辛く煮つめてあり、甲虫類の脚がやたらと口に残った以外（ちなみに虫は翅も脚もそのままの姿煮であった）は、予想外に臭みもなく、日本のイナゴの佃煮とよく似た大変美味しいものであった。特に「タケメイガの幼虫の空揚げ」とビールとの相性は抜群と思え、山間部への遠征であったためにビールを運んでこなかったことが心底悔やまれた。新鮮な驚きの中で、まさに食虫を堪能した愉快な晩餐であった。

（3）採るのが先か？　喰われるのが先か？

翌朝、前日の教訓を生かし、我々は数人の村人を道案内に雇い、あまり村人が入っていない森に連れていってもらった。たどりついた森は片道徒歩三時間という所要時間の割には、奥深い谷筋にわずかに残されたごく小さな林であったが、それでも朽木が散在しており、各種クワガタムシやクロツヤムシを採集し、久しぶりに材割り採集の醍醐味を味わえた。

しかし、ここで大きな問題が生じた。私が材割りをしている横でその様子を見ていた村人たちが、私が何か虫を割り出す度に「それは喰えるのか？」と真剣なまなざしで尋ねてくるのだ。彼らにしてみれば、白くて丸々と太った瑞々しい幼虫が実に美味しそうに見えたのも無理はない。私自身、クワガタムシやクロツヤムシの幼虫を食したことはないが、以前に食べたカミキリムシの幼虫の味から想像して、実際、これらの幼虫もかなり美味であることは容易に想像できた。しかも、朽木の中で家族生活を営むクロツヤムシの場合は一度に数十頭が採集されることも珍しくない。まさに質量ともに優れた貴重な「食材」となり得る。彼らの問いに「喰える」と答えたら最後、彼らは皆、私のことなどお構いなしに、携帯している山刀であたりの朽木という朽木を割り始めるだろう（実際、この種のトラブルを未然に防ぐために前夜は村でライト・トラップを仕掛けるのを中止していた）。こんな小さな森の虫はそれこそあっという間に喰い尽くされてしまうに違いない。結局、私は「いや、こいつらはまずくて喰えない。毒のあるやつもいるから注意した方がいい」と嘘をついてしまった。正直なところ、今でも嘘をついたことには後味の悪さを覚えている。

村への帰り道で、同行した村人のうちの一人がオオコオロギ採りを実演してくれた。このオオコオロギは日本のエンマコオロギの三倍はあろうかという種で、夜になると巣穴の入り口のところで、ケラのような声でけたたましく鳴く。我々も何度か採集を試みたが、コオロギは人の気配を感じるとすぐに穴に逃げ込んでしまう。穴は深く、一旦逃げ込まれると掘り出すのはかなりの困難がともなった。こうした経験から多数のコオロギをどうやって捕まえているのか、非常に興味があったが、そのやり方は至極単純なものであった。要するに昼間、コオロギの巣穴がある道の両脇の赤土の崖をとにかく力任せに鍬で掘るのである。日中のコオロギは意外におとなしく、掘り出されてもすぐに逃げることなく、割と簡単に捕まった。彼らはコオロギを採集すると、逃亡防止のためにすぐに後脚を折る。よくみると、周辺の崖にはコオロギをとったのであろう掘りあとが点々とついていた。

（4）市場の昆虫類

この旅のあと、タイ北部の中心地チェンマイの市場を訪ねる機会があった。市場は区画ごとに野菜や果物といった店が整然と並んでいた。奥まった場所にあったお目当ての昆虫区画には、様々な食用昆虫達が、あるものは桶の中を動き回り、またあるものは動かぬ油炒めとなって積み上げられていた。どの店もみな活気に満ち、ジーパン姿の若い恋人達がイナゴの串焼きを微笑みながら頬張っている。タイが食虫文化の盛んな国であることは実感してはいたが、この市場の活気は予想以上のものだった。結局のところ、タイの食虫文化はそれほどに人々の生活に密着したものであったようで、虫を直接採取できない都会ほどこうした市場で虫を購入することが盛んになるようだった。聞けばタガメ（写真6－2）などの人気食材を中心に養殖も盛んに行われているという。

イナゴの串焼きを食べながら市場を散策していて、とある虫売りの店をのぞいて思わず息を飲んだ。そこには、タガメやコオロギ、ゲンゴロウ、ガムシといったおなじみのメンバーにまじって、巨大なダイコクコガネをはじめとする各種糞虫の油炒めが店先に山積みされていたのである。まさかと思ったが、糞虫も食べるのだ。よく見るとムラサキセンチコガネやムネアカセンチコガネの類らしき珍品の姿も見える。その瞬間、私の中で油炒めの山は宝の山に早変わりした。店主の女性との交渉の末、当初の言い値の三分の一程度の値段で、五〇頭以上の炒め物を

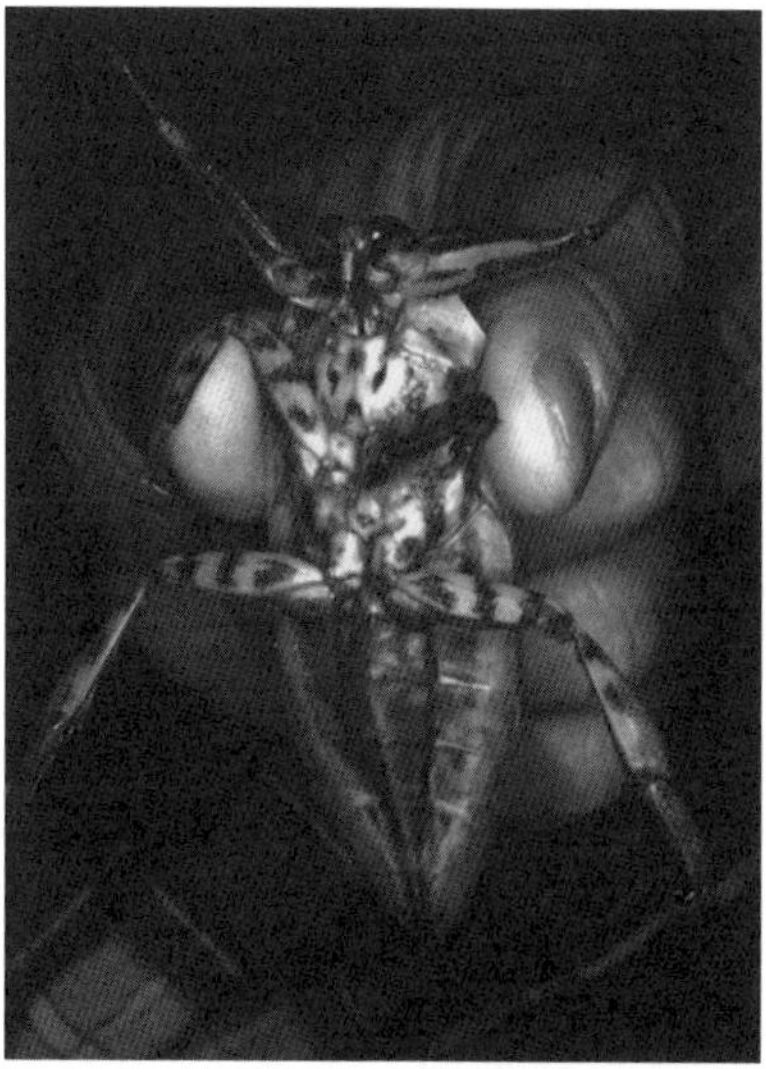

写真6－2　タイで人気の食材であるタガメ（メンダー）。日本産よりひと回り大きく，バナナのような香りがする

購入した。薄暗い市場の床に座り込んで、半ば血走った目で油炒めの「具」を選別する日本人の姿は地元の人々にはさぞ奇異に映ったに違いない。いつの間にか、私の回りには人だかりができて、ちょっとした騒ぎになっていたが、私は野次馬の目などお構いなく油炒めの山からの宝探しに没頭した。その後、標本にしみ込んだ油を抜くのには相当苦労したが、思わぬところで貴重な標本を手に入れることができたのは本当に幸運だった。しかし、それ以上に、「糞虫も食べる」という現状を目のあたりにし、タイの食虫文化の奥深さをあらためて知った思いがした。ちなみに、この時市場で購入したムラサキセンチコガネをはじめとする糞虫類は今でも私の腹ならぬ標本箱の中に収まっている（写真6－3）。なお、試食したごく少数の糞虫の味はその名の由来にもなっている彼らの常食の内容を気にしなければ、少し固かったものの、かなりの美味であったことも付け加えておく。実際、この標本箱をあけると今でも何とも言えないナム・プラーと油の混じった香ばしい香りが漂い、当時の懐かしい想い出が蘇るとともに、私はビールが無性に飲みたくなるのである。

写真6－3　チェンマイの市場の食材の中から発掘されたムラサキセンチコガネ

アジアにおける昆虫食文化

（1）昆虫食は世界共通

昆虫食というと、日本ではタイが非常に有名で、専門の論文から旅行ガイドに至るまで関連の文献も多い（渡辺、二〇〇三など）。しかし、実際には、昆虫食は程度の差こそあれ、タイ以外のアジア諸国はもちろん、オーストラリア、アフリカ、北・中米、南米とそれこそ世界中の国々に見られ、世界全体で食べられている昆虫は実に五〇〇種以上にのぼるという（三橋、一九九七）。例えば、タイと並んで、多彩な昆虫食で有名なメキシコの空港の土産店にはイモムシ（リュウゼツラン（龍舌蘭）に穿孔するガの幼虫）を入れた各種テキーラが所狭しと並べられている（写真6－4）。地方によってはこのイ

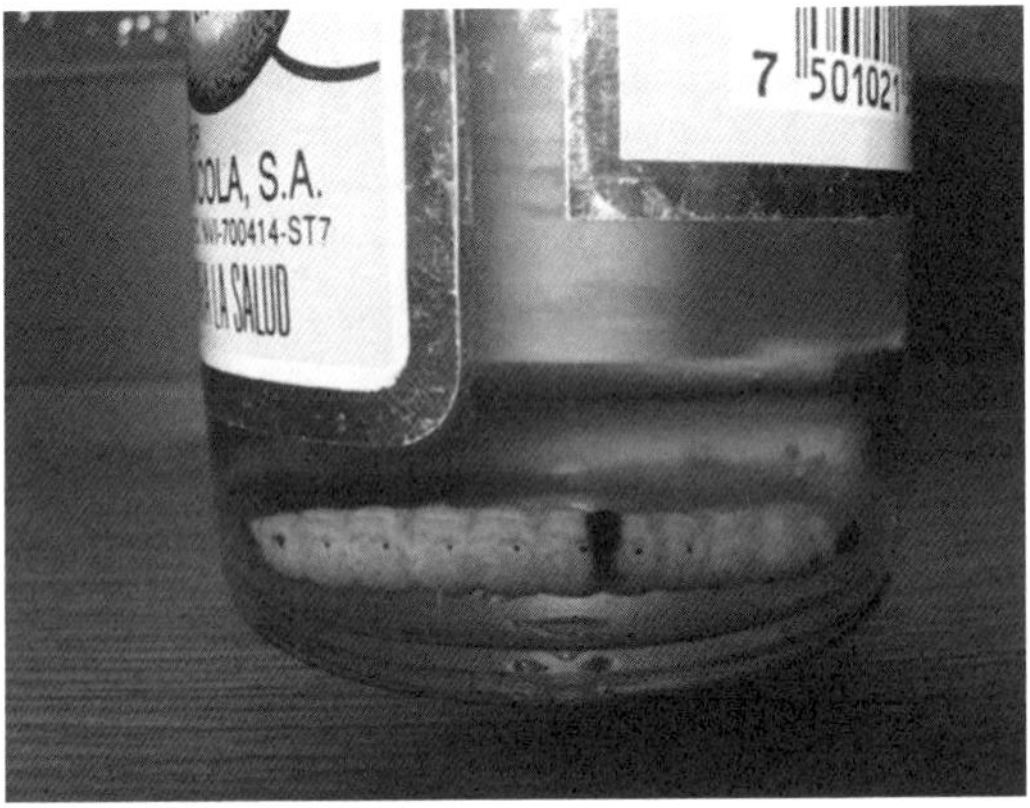

写真6－4　イモムシ入りのメキシコのテキーラ

モムシを専門に出すレストランもあって、筆者自身もメキシコ中央高地を訪れた時に、街道沿いのレストランでイモムシの空揚げを食べた経験がある。また、言うまでもなく日本にも蜂(主としてクロスズメバチ)の子やイナゴ(平野部ではコバネイナゴ、山間部ではミヤマフキバッタ)、ザザムシ(カゲロウ・カワゲラ・トビケラなどの水生昆虫の幼虫)、孫太郎虫(ヘビトンボの幼虫、特に寝小便の薬とされる)など昆虫食文化はある。大正時代(一九一九年)の調査によれば、当時、日本各地で日常的に利用されていた昆虫は五五種にのぼるという(三橋、一九九七)。熱帯や亜熱帯に比べて昆虫の多様性がそれほど高くはない温帯域がほとんどを占める日本で、近代においてもこれほどの種が利用されていたとは驚くべきことである。実は日本人にとっても、少し前までは昆虫食はごく身近な存在だったのである。

そもそも、これほど各地で昆虫食が見られる背景には、昆虫はサイズは小さくとも比較的容易に大量の個体が採集できることに加え、生息環境や生活史が判明している種であれば発生時期や場所の予測も容易であることなど、食料としての採取効率の良さが大きく関係している。ハチやシロアリなどの社会性昆虫や大量発生するバッタ類が世界各地で共通して食料として利用されているのも、こうした採集効率の良さゆえだろう。昆虫の多様性が高く、周期的にまとまった個体数が発生する熱帯や亜熱帯地域で特に昆虫食が盛んなのもうなずける。しかも、これまでの分析によれば、昆虫は分類群によって差が大きいものの、総じて単位量あたりのタンパク質や脂質、ビタミン、ミネラルの面でも一般の肉や卵に全く遜色ないほど栄養に富んでいる（松香ら、一九九八）。言い換えるならば、ある程度のまとまった量が常に採取可能であるならば、昆虫は特殊な嗜好品としてではなく、日常的な食料として利用でき得る実に優良な食料資源なのである。

（2）アジア昆虫食の特徴

前項でみたように世界各国で見られる昆虫食であるが、その中にあって、アジアの昆虫食の特色としてまず第一にあげられるのは何と言っても、食べられている虫の多様性の高さ、つまり食材の幅の広さであろう。松香ら（一九九八）は世界で食べられている昆虫の分類群とその利用地域をまとめているが、これによれば、アジアでは、バッタ目やチョウ・ガ目、コウチュウ目といったメジャーどころからハエ目やシミ目に至るまで、実に二五目に及ぶ昆虫類が食されている。アジアに次ぐオセアニアで一九目、アフリカで一六目であるから、アジアで利用されている昆虫がいかに多岐にわたっているかがよくわかる。中でも、水生昆虫の利用が多いのは湿潤な環境の多いアジアの大きな特徴である。特に先述したようなカゲロウ、カワゲラ、トビケラ、ヘビトンボなどの流水性の水生昆虫の幼虫を食べるのは日本を含むアジア独自のものであるようだ。

アジアにおける昆虫食のもう一つの特徴としては農林業に附随する副産物的な資源として昆虫を利用している点が挙げられる。中でもアジアの文化たる稲作に関連した昆虫の利用が際立つ。例えば、先にとりあげたアジアの代表的食材であるタガメやゲンゴロウ、ガムシなどの水生昆虫は、本来は湖沼に生息しているが、人工的な止水域である水田は彼らの絶好の代替発生地になっている。また、アジア各地で最も盛んに利用されているイナゴは言わずと知れたイネの大害虫であり、これを採取して食べることは同時に害虫駆除にもつながるまさに一石二鳥のアイディアなのである。さらに、筆者自身の昆虫食体験の舞台となったのはタイの山村に隣接した薪炭林（薪や炭の材料を採取するための森）であったし、放牧や農耕作業への水牛や牛の利用は糞虫の発生を促すことになるだろう。日本の里山に代表されるこうした環境は常に一定の人為的作用が加わることで保たれている自然環境であり、生態学的な観点からすれば、いわゆるエコトーン（遷移帯）にあたり、昆虫をはじめ生物多様性が極めて高いことが特徴である。

同じ節足動物でありながら、エビやカニといった甲殻類には目がない一方で、現代の日本人のほとんどはなぜか、昆虫を食べようとはしない。それどころか、昆虫食といえばゲテ物喰いの最たるものとして奇異の目で見られること受けあいである。しかし、この章で見てきたように、アジアの農林水産業と密接に関連した昆虫食は生活に根付いた立派な文化なのである。実際、すでに触れたように、日本でもかつては五五種もの昆虫が食用として利用されていた時代があった。現代の日本のような昆虫食に対する偏見はおそらくは、昆虫食途上国である欧米の思想的影響によるものが大きいと考えられる。その欧米でさえ、最近は昆虫食に対する関心が高まり、特にアメリカでは学会や博物館などが積極的に昆虫食キャンペーンをバックアップしているという（三橋、一九九七）。膨大な面積の森林を切り開いて作られた畑で栽培した大量の穀物を消費しながらやっと育てることのできる薬品まみれの家畜と、人間が営むごく基本的な第一次生産活動の傍らで発生し、葉っぱや朽木など人間が全く消化利用できないものを分解し生態系に還元しつつ、自らは栄養の塊としてすくすくと育ってくれる昆虫たち……。きたるべき未来の食料事情を考えるに、昆虫の食料としての積極的な利用は我々人類にとって、それこそ最後の切り札なのかもしれない。まあ、御託はさておき、読者の方々にも、ともかく先入観を捨てて、一度この道に足を踏み入れる（？）ことをお勧めする。

3　娯楽としての昆虫利用文化

前節では人と虫との関わりについて、最も根源的な食料源としての役割に注目した。この節では衣食住という人間生活の必須基盤とはいわば対極にあると言える娯楽の対象としての昆虫の存在をアジア各地で見られる虫相撲や標本売買、ペット甲虫ブームなど様々な角度から考察してみたい。

虫相撲の文化――喧嘩と賭博を楽しむ――

（1）アジア各地の虫相撲

日本の子供にとって「喧嘩をする昆虫」と言えば真っ先に浮かぶのはカブトムシやクワガタムシであろう。そもそも、カブトムシやクワガタムシという名前そのものが昔の武将の甲冑（よろいかぶと）やその鍬形飾りに由来していることはよく知られている。タイ語ではもっとストレートにカブトムシやクワガタムシは「マレン（昆虫）・クワン（喧嘩・闘い）」、つまりは「喧嘩をする昆虫」である。日本ではカブトやクワガタのバトルを題材にしたゲームやアニメに子供達が熱中しているが、タイではこの「マレン・クワン」の闘いに大の大人が熱狂する。信じられないことに専用の競技場があり、選手たる甲虫には専属のトレーナーまで存在するのだという。それもそのはず、この「マレン・クワン」、タイでは歴史あれっきとしたスポーツであり、そして政府公認（？）の賭博なのである。

カブトムシ以外に、こうした昆虫を闘わせて賭博を行う風習で有名なものとしては中国の「闘コオロギ（闘蟋蟀）」がある。「闘コオロギ」の歴史は実に唐代にまでさかのぼるという（松香ら、一九九八）。この古い歴史を反映して中国では昔から闘コオロギの飼育技術や容器などの道具類が工夫され、闘いにおいても細かなルールが設定されているらしい。この「闘コオロギ」、賭博という性質から社会主義体制のもとで長らく禁止されていたが、近年復活し、上海では毎年全国大会まで開催されているという（松香ら、一九九八）。

日本では若干の地方性はあっても、一般には喧嘩に用いる種が特に決まっているわけではないようだが、伊豆諸島の御蔵島の子供たちが特産のミクラミヤマクワガタをお椀に入れて相撲をさせて盛んに遊ぶという興味深い話が林（一九八七）によって記録されている。

（2）タイのヒメカブト相撲

タイにはゴホンヅノカブトやアトラスオオカブトといった大型のカブトムシが生息しているが、カブト相撲（タイの国技ムエタイにあわせれば、カブト・ムエタイと呼ぶべきであろうか？）に用いられるのはもっぱら中型のヒメカブトである（写真6‐5）。ヒメカブトは東南アジアに広く分布し、一見日本のカブトムシに似ているが、カブトムシより胸の角がずっと長い。ヒメカブトは都市郊外の二次林的な環境にも生息している普通種で採集しやすい上に、気が荒くて闘争心も旺盛なため、東南アジア各国の子供たちにとって雄同士に喧嘩をさせて楽しむ絶好の遊び道具として親しまれている。中でもタイではヒメカブトは特に「チョン・クワン」、あるいは「メン・クワン」（いずれも「喧嘩をする甲虫」の意味らしい）と呼ばれて特別視されており、ヒメカブト相撲の伝統は実に四〇〇年に及ぶという。タイ北部で

写真6－5　闘争するヒメカブトの雄

はチェンマイ市内など各地の市場に専用の競技場が併設され、毎日のようにヒメカブトの賭け試合が行われている。年に何度か大きな全国規模の大会も行われている。

このヒメカブト相撲のやり方はいたって単純である。土俵に相当するのはバルサ材でできた丸太で、この丸太の中央部下面にはくり抜いた部屋がありここに雌や餌が入れられる。これは雌や餌の臭いを嗅がせることで、雄の闘争心を少しでも高めようというものらしいが、効果の程は正直定かではない。とにもかくにも、この雌や餌の入った部屋の真上にあたる丸太の中央部に二頭の雄を向かい合わせてとまらせれば試合開始である。

対戦が始まると土俵を取り巻く観客から盛ん

に声援が飛ぶ。セコンドも必死だ。「マニ、マニ（たぶんマネー、つまりお金のこと）」とか「シー、シー」などと声を張り上げながら選手（＝ヒメカブト）の後ろや左右に素早く回りこんでは手に持った「マイ・パン」と呼ばれる棒を丸太に当てて独特の振動を与えたり、音を出してヒメカブトを操る。観客もこのかけ声に合わせて次々と指を立てて賭け額を示し始める。試合はまさに真剣勝負そのもの。体長わずか五センチメートル程度のヒメカブトの周りを観客が二重三重に取り囲み、その挙動に一喜一憂する様は一種異様な雰囲気さえある。試合の様子は審判によって注意深く見守られていて、勝敗は土俵の丸太上から相手を投げ飛ばしたり、突き落としたりする決め技のほか、試合形勢や戦意の有無などを基準に審判が判定して決定される。

ちなみに、このヒメカブト、自分で採集してきた個体をエントリーさせることもできるが市場の専用コーナーで購入することも可能だ。最近の資料（野中、二〇〇五）によれば雄一頭の販売価格の相場はおよそ五〇～一五〇バーツ、日本円で一五〇～四五〇円ほどらしいが、タイの物価を考えれば決して安いものではない。しかし、それでも一頭の雄が試合の結果如何では月収の何ヵ月分にも相当する儲けを稼ぎだし、時には家が建つほどの儲けがあがることもあるというのだから購入する方も少しでも強い個体を選ぼうと必死である。

より強い選手にするためのトレーニングも欠かさない。特に「マイ・パン」によってセコンドから出される前進・後退・回転といった指示に選手たるヒメカブトがいかに素早く反応するかが勝負の分かれ目になるだけに、セコンドと選手との間に一種の連帯感が生まれるまで「マイ・パン」によるトレーニングは続けられる。選手には上質のサトウキビや蜂蜜といった特別な餌が与えられ、ストレスがかからないよう大切に飼育される。

ところで、客やトレーナーに見染められず選手になりそこねたヒメカブトや試合に負け続けたヒメカブトはどうなってしまうのか……言うでもなく、優秀な選手以外のヒメカブトは料理され食卓に並ぶことになる。これぞまさに天国と地獄、生死をかけた厳しい勝負の世界の掟なのである。

標本収集の愉しみ――分類研究を支えてきたアジアの採り子たち――

（1）人はなぜ虫を集めるのか？

子供の頃、特に男の子であれば、誰しもが一度は昆虫を採集して飼育したり標本を作ったりした経験があるはずである。今日、昆虫採集は「無益な殺生」として歓迎されない社会的風潮も一部にはあるが、昆虫への興味は、自然に親しみ、生命の神秘を感じとるいわば最初のきっかけとなり、極めて意義深いものである。実際、世界の多くの著名な生物学者達が幼少の頃の昆虫採集や標本収集を通じて科学への興味を育んできた体験を持っている。著名な生物学者への道を歩まずとも、昆虫学には生物学の中でも、鋭い眼と旺盛な好奇心を持っていれば誰でも分類や生態、分布などの知見に関する科学的貢献ができるという特徴がある分野といえる。

昆虫の標本収集に興じる人が多い一番の理由は美的感覚に根ざしたいわば鑑賞用であろうが、この科学的貢献への憧れが収集意欲を一層掻き立てる大きな要素となっているようだ。こうした収集家にずば抜けて人気が高いのはなんと言ってもチョウで、次いでクワガタムシやカブトムシ、カミキリムシ、タマムシといった大型で美麗な種の多い甲虫類である。こうした昆虫収集の歴史は古く、本格的に始まった時期は十七、八世紀にまでさかのぼる。当時、帝国主義と経済の拡大が著しかったヨーロッパからアジアをはじめとする世界中に探検隊が送られ、工業原料や食材、薬、嗜好品などに利用する新しい資源の発見と開発のために、鉱物資源はもちろん、昆虫をはじめとする動植物に至るまで、それこそありとあらゆるものが原産国からヨーロッパに運ばれた。中でも、小さくて地味な色合いの種がほとんどのヨーロッパの昆虫に比べて、大型で美麗なアジアをはじめとする熱帯の昆虫はとりわけ当時の人々の目を引き、その収集欲を駆り立てたであろうことは想像に難くない。

（2）アジア昆虫分類研究の先駆者たち

アジアに縁の深い有名な収集家の一人がA・R・ウォレスである。いわゆる進化論といえばチャールズ・ダーウィンがあまりに有名だが、実はこのウォレスもまた、ダーウィンとほぼ同時に、ほぼ同じ理論体系の進化論を発表していたことはあまり知られていない。ウォレスは一八五四年に八年間におよぶマレー諸島への旅に出発し、この長期にわたる採集旅行で昆虫に限らずあらゆる動植物を採集しながら進化論を生む考察を行ったのである。もう一人、A・S・ミークもウォレスにならぶ同時代の著名な採集家である。ミークはニューギニアで、世界最大の蝶アレキサンドラトリバネアゲハを発見した。

当時のマレー諸島やニューギニアはヨーロッパ人にとっては、まさに未開の地であり、採集どころか移動さえもままならない状態であった。このため、ウォレスやミークは採集に際して、通訳を兼ねた助手の他に、行く先々で多数の現地の人々を案内人やポーター、採集人として雇った（ウォレス『マレー諸島』より）。特に、採集用具自体も扱いにくく重かった当時（ちなみに現在一般的に使われている丸いリング型のネットは十九世紀後半にやっと開発されたらしい）、採集人の働きは重要で、ミークはアレキサンドラトリバネアゲハの採集に際して吹き矢を操る現地のパプア族を雇ったという話が伝わっているほどである（Berenbaum, 1996）。

ウォレスやミークをはじめとする著名な採集家の膨大なコレクションは現在、ヨーロッパをはじめとする世界各地の博物館に収められているが、先のアレキサンドラトリバネアゲハのように、彼らによって採集された標本に基づいて世の中にその存在が知られるようになった「新種」は数多い。ところで、こうした新種を世の中に発表することを専門用語で「新種記載」というが、この時、世界的な取り決め（国際動物命名規約と呼ばれる）として、その新種を記載する時のもとになった、いわば証拠の標本を指定して後世に残さなければならないことになっている。ウォレスやミークの採集品からはこうした証拠標本が数え切れないほどたくさん指定されており、中には世界でたった一つしかない証拠標本（ホロタイプと呼ばれる最も重要な標本）も数多くある。まさに、現在の昆虫分類学研究の発展はウォレスやミークをはじめとする収集家のコレクションなくしては語れない。言い換えれば、そのコレクションを実際に採集した多数の現地の採集人こそが、現代の昆虫分類学発展の立役者だったのである。

（3）発達する現在の標本市場システム

今日でもこうしたアジアの採集人たち（一般には採り子と呼ばれている）は健在である。アジア各地の有名採集地と呼ばれる場所には必ず多数の「採り子」と、彼らを束ねる「元締め」が存在する。元締めのもとには毎日のように膨大な数の採集品が周辺地域の採り子からもたらされる。インドネシアやフィリピンなど、多数の島々から構成される国々では主要な島に住む元締めのもとに周辺島嶼各地からの採集品が集積される。元締めはそれらの採集品を、標本収集家用の標本にしたり、お土産用の民芸品等に加工する。お土産用の加工品としては、蝶の翅を使った貼り絵や甲虫をエポキシ樹脂に包埋したキーホルダーなどが定番である。こうしたお土産用の加工品には美麗な普通種が用いられる場合が多い。

一方、収集家用の標本は腐らないようにきちんと乾燥させた上で、保管や運搬がしやすいように、蝶やトンボの場合は三角紙に、また甲虫などの場合は「あめ玉包み」にしたり、厚手の台紙に載せられて丁寧にラッピングされる（写真6-6）。三角紙や台紙にはその標本の採集データ（採集年月日と詳しい採集場所）が記入されている。分布や生態（発生時期など）に関する知見を得るためにも、この採集データが極めて重要な意味を持つ。これら収集家向けの標本はやはり人気の高い大型美麗種が中心だが、小型のマニアックな種もちゃんと

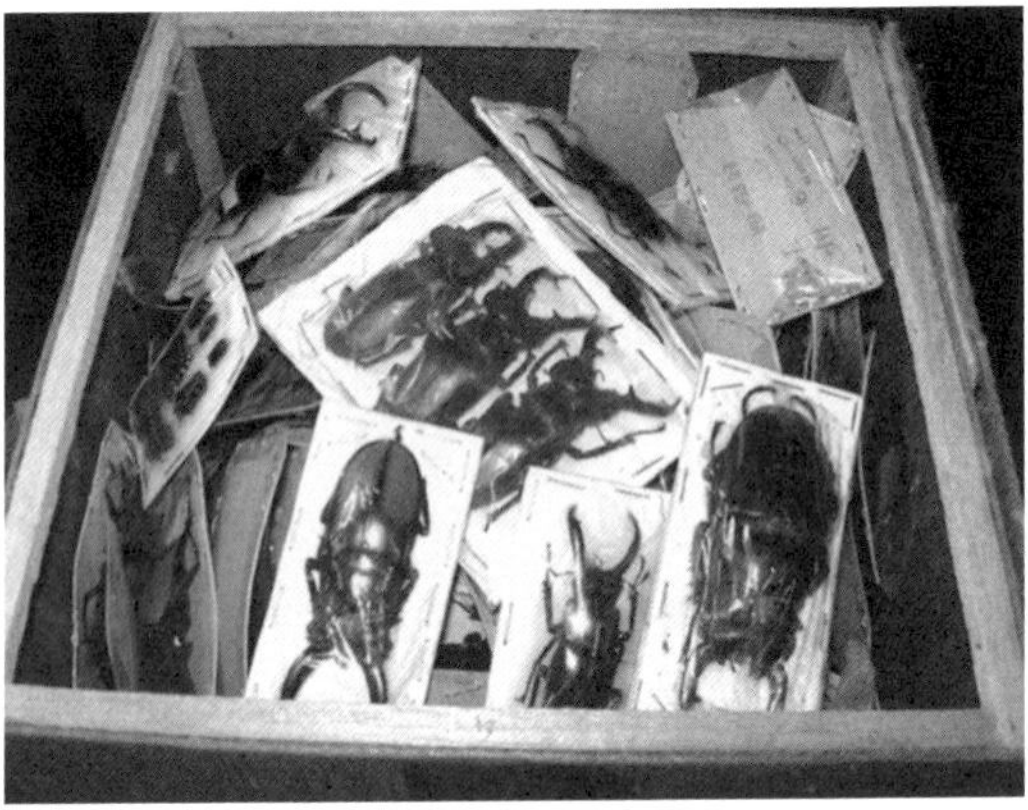

写真6－6　販売用に梱包されたタイ産の甲虫の標本

確保されているし、時には未記載種（新種）が混じっていることもある。

　こうして発送準備の整った標本は、収集家人口の多い日本や欧米各国の標本商と呼ばれる専門の業者のもとに輸出される。標本商による販売の形態は専ら通信販売で、標本商は集積された標本のリストを定期的に顧客に送付し、顧客はこのリストをもとに注文をする。顧客は個人の収集家や研究者から、博物館や大学などの研究機関に至るまで実に様々である。最近ではインターネットを使った販売網も充実してきた。ヨーロッパの国々や日本では年に何度か大規模な標本フェアも開催されている。標本フェアでは、日頃の通販では入手しにくい小型種や人気の高くない分類群の標本も数多く出品されるので、たくさんの収集家が集まってくる。ヨーロッパで開催される国際規模のものでは国を超えて何千人もの収集家が殺到するほどだ。

こうした「採り子―元締め―標本商―顧客」という標本市場システムの発達によって、今日では人気の高いアゲハチョウなどのチョウや、クワガタムシやオサムシなどの甲虫は、それこそお茶の間にいながらにして世界中の種が入手できるようになった。少し前までは考えられなかったような国や地域からも多数の標本がもたらされるようになった。現在のこの様子を見れば、ウォレスやミークもさぞや驚くに違いない。

今日、生物多様性の保全が世界的に叫ばれているが、昆虫の系統・分類学的な研究はまさにその生物多様性を理解するためにも極めて重要である。多様性を理解することで、生物の進化や類縁関係を探るためのヒントとなるし、生物が変動する環境にいかに適応してきたかをも示唆してくれる。そうした系統分類学的研究を進めるには標本の収集が不可欠であり、標本の重要性は科学的にもますます増している。アジアの採り子たちはまさにこの昆虫の系統・分類研究の基盤をウォレスやミークの時代から現在に至るまで支え続けているのである。

台頭する昆虫ペット産業──死に虫収集から生き虫愛好へ──

(1) 空前の甲虫ブーム

現在、日本は空前のクワガタムシやカブトムシをはじめとする甲虫ブームである。テレビや映画には甲虫が主人公(?)のアニメが放映され、ゲームコーナーにある甲虫の対戦カードゲームの前には順番待ちをする子供の長蛇の列が続いている。本屋には季節を問わず、何種類もの甲虫関係の本が平積みされているし、玩具屋へ行けば甲虫コーナーには関係のグッズが溢れている。この他にも、服飾関係はもちろん、食玩(いわゆるお菓子のおまけ)にも様々な甲虫が登場し、中には専門家を唸らせるほど精巧で緻密な模型もあるほどである(写真6-7)。

こうした一大甲虫ブームの中核をなすのが、カブトムシやクワガタムシをいわばペットとして飼育する「生き虫愛好」である。従来のカブトムシ・クワガタムシ愛好は前項で紹介した一部のマニアによる標本、つまりいわば「死に虫」の収集が中心であった。しかし、その状況は大きく様変わりし、今や専門の昆虫ショップはもちろん、季節ともなればデパートのペット売り場からホームセンター、さらには観光地の土産物店にいたるまで様々な場所で日本産はもちろん、アジアをはじめとする外国産のクワガタムシやカブトムシの「生き虫」が

写真6－7　カブトムシ，クワガタムシの玩具の数々

ごく普通に販売されるようになった。インターネットを通じた生き虫の通信販売やネットオークションも盛んに行われている。最近では、昆虫対戦カードゲームなどの爆発的人気が市場を拡大し、生き虫愛好界の一層の大衆化、低年齢化を促した。小学校の総合学習や児童に対する心療治療の一貫としてクワガタムシの幼虫の飼育観察を取り入れた学校や病院施設も多いと聞く。今や外国産の生体を中心としたクワガタムシ・カブトムシ愛好は日本における大衆文化として市民権を得たと言ってよいだろう。実は日本に限らず、こうした甲虫愛好は台湾でも一大ブームを巻き起こしているという（頼、二〇〇二）。今後、さらに韓国などにも広がりそうな勢いである。

（2）甲虫ブームの変遷

日本では古くからクワガタムシやカブトムシは夏の風物詩として親しまれ、筆者が小学生だった一九七〇年代初頭でも夏になるとデパートのペット売り場や祭の夜店などでその姿を見かけた。当時から大量養殖の技術が確立していたカブトムシに対してクワガタムシは養殖が難しく野外からの採集個体が販売される場合がほとんどであったため、カブトムシに比べるとかなり値段も高かった。それでもミヤマクワガタやノコギリクワガタなどの大型クワガタムシは特に人気が高く、筆者にとっても憧れの的であった。

一九八〇年代の後半、ほとんどの日本産クワガタムシの生態が解明され、効果的な採集が可能になったことに加え、これまで困難とされてきたクワガタムシの累代飼育技術が確立されたことで、一大クワガタムシブームが巻き起こった。クワガタムシ愛好家が急増し、標本や生体が盛んに販売されるようになり、クワガタムシの商品化が著しく進行した。特にオオクワガタやサキシマヒラタクワガタなどの国産の大型種の人気が過熱し、特大サイズのオオクワガタは「黒いダイヤ」などと形容されその高値ぶりがマスコミを賑わせた。同時に、それまでせいぜいプラスチック容器とおが屑程度だった飼育関連用品も、専用の餌ゼリーやマット（木屑）、産卵木、さらには幼虫飼育用の「菌糸瓶」や各種添加剤など様々な用品が開発・販売されるようになり、昆虫ペット産業が急成長を遂げた。

この状況は一九九九年を皮切りに実施された外国産の生きたクワガタやカブトの輸入規制の大幅な緩和によってさらに大きく変化した。それまで外国産の生きたクワガタムシやカブトムシは植物防疫法によって有害動物として輸入が禁止されていたが、一連の規制緩和によって、現在では世界中のクワガタムシが約五〇〇種、カブトムシ約六〇種、合計約五六〇種もの輸入ができるようになった。その結果、ブームを背景にカブトムシ・クワガタムシ生体の輸入量は増加の一途をたどり、ここ数年は、記録にあるだけで毎年一〇〇万頭ものカブトムシ・クワガタムシの生体が輸入されている。ひと昔前まではそれこそ図鑑や博物館の標本でしか目にすることのできなかったこうした外国産の珍しいクワガタムシやカブトムシのしかも生きた個体を誰しもが気軽に手にすることができるようになったこと自体は昆虫愛好家ならずとも、歓迎すべきことであろう。飼育技術の著しい向上によって、これまで不明な点の多かった外国産の種の生活史や行動に関する膨大な新知見がもたらされたことは昆虫学に対する大きな貢献である。しかし、その一方、従来からの開発による生息地の破壊に加えて、商品化が引き起こした乱獲によって、日本産のクワガタムシは著しい打撃を受けることになった。特にもともとの分布域が狭い離島産のタクサのダメージは深刻であった。さらに、外国産種の大量輸入によって、日本のカブトムシやクワガタムシに深刻な影響を与えかねない重大な異変が起こりつつある。

深刻化する外来種問題

（1）外来種の国内採集記録の急増

ここ数年、日本で起こっている最も顕著な異変は外来種の国内採集記録の急増である。規制緩和後、現在までにアトラスオオカブトをはじめ、ヒメカブトやダイオウヒラタクワガタ、オオヒラタクワガタ、アンタエウスオオクワガタなどアジア産の種を中心に実に約八〇例、三〇種以上もの外国産クワガタムシ・カブトムシが日本全国で採集・目撃されている（図6-1）。ちなみに記録の中で一番多い種は、輸入量の多さを反映して、クワガタムシではオオヒラタクワガタ、そしてカブトムシではアトラスオオカブト（写真6-8）、いずれもアジアを代表する種である（荒谷、二〇〇五）。植物防疫法では輸入が許可されていない外国産の大型ハナムグリの国内採集例も報告されている。これらの多くは、流通・販売過程や飼育下からの逃亡個体と思われるが、意図的な放虫がなされた可能性もある。いずれにせよ、これらの事例はいわば氷山の一角であり、実際に野外に出た数は当然もっと多いはずであ

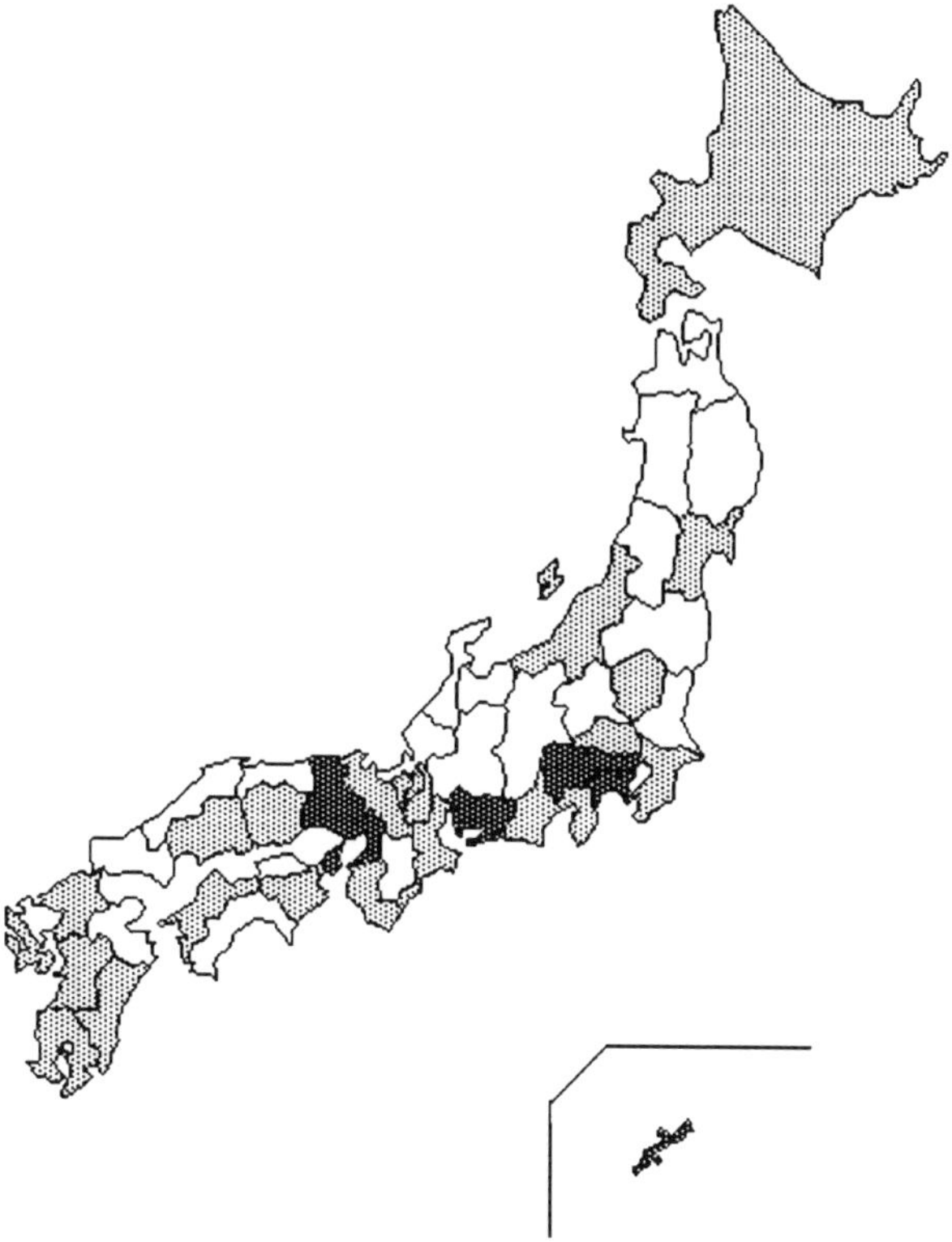

図6－1　日本における外国産カブトムシ・クワガタムシの記録状況。これまで（2005年夏現在）に記録のある都道府県を網かけで記した。濃い網かけは特に記録の多い府県を示す。全国津々浦々で記録されていることがわかる

写真6－8　輸入量の最も多いアトラスオオカブト

る。規制緩和以来の輸入総数は少なく見積もっても数百万頭にのぼるはずである。加えて、これら輸入可能な種に紛れて多くの輸入禁止種が半ば公然と日本に密輸され販売・飼育されているという事実も見逃せない。例えば、現在ペットショップやインターネットオークションなどで当たり前のように売り買いされている熱帯産の大型ハナムグリ類は、すべて輸入が許可されていないものばかりである。昨年（二〇〇五年）、輸入許可対象外の大型ハナムグリ類やカブトムシの密輸容疑で植物防疫法違反による逮捕者が相次いだことも記憶に新しい。こうした横行する密輸数もふくめれば、日本へ輸入された実数は公表されている個体数の一〇〇倍以上にのぼるという推定もある（亀岡・清野、二〇〇四）。しかも、そのほとんどがいわばペットとして「繁殖」を目的に販売されていることを考慮すれば、現在、日本国内に存在している外国産のクワガタムシ・カブトムシの総数はそれこそ想像もできない。この現状を鑑みるに、今後、こうした外国産種の国内記録はますます増加することが懸念される。

（2）クワガタムシ・カブトムシは害虫にはならないか？

農林水産省による一連の輸入規制緩和には、いくつか大きな問題点がある。例えば、「有害動物には当たらない」という判断によって決定されたはずの輸入許可対象種に、現地で栽培されているアボカドの害虫になっていることが知られている南米産のクビホソツヤクワガタ類が含まれていたり、ヤシやサトウキビの大害虫として悪名高いサイカブトにごく近縁なパンカブトやメンガタカブトなど定着すれば日本でも害虫になり得る可能性が高い種が多数含まれている。「害虫と明記した文献がない」とされたその他の種にしても、生活史や生態が十分に解明されていない熱帯産のカブトムシやクワガタムシでは、そもそも害虫か否かの判断を下す文献材料など皆無に等しく、害虫化の可能性は決して否定できない。実際、ホソアカクワガタ類のように現地でマメ科の農作物のツルを加害していることがごく最近になって判明した例や、パプアキンイロクワガタのように野外でのキク科植物に加えて実験条件下ではインゲンマメをはじめとする様々な栽培作物をも加害することが確認された例もある（荒谷、二〇〇五）。

（3）外来種のもたらす危険性

熱帯産のカブトムシやクワガタムシといっても、実際の生息地は標高が高い場合が多く、気候的には日本の温暖な地方とあまり変わりがない。また、熱帯低地産の種に関しても、ダイオウヒラタクワガタの幼虫が屋外飼育で無事に成虫になった例など、その潜在的な耐寒性が予想以上に高いことを示唆する報告もある。さらに、外国産種ではないが、本来自然分布していなかった北海道で販売用に大量養殖されていたカブトムシが、養殖施設の閉鎖によって大量放棄されたものが野生化し、今や極寒の道北・道東地方を含む北海道全域に完全に定着し個体数を増加させている。こうしてみると、日本と同緯度の地域に生息する種はもちろん、熱帯産を含むほとんどの外国産種に日本での定着の可能性があるといっても過言ではない。

大型で競争力の強い外国産種が定着すれば、在来種が生息環境や餌を巡った競合に負けて深刻なダメージを受けることが懸念される。特にクワガタムシやカブトムシの場合、「種内多型がもたらす予想外の競合の可能性」と「幼虫の餌資源を巡る競合の可能性」に特に留意する必要がある（荒谷、二〇〇五）。前者に関しては、新たに侵入・定着した地において、原産地より小型（大型）化、あるいは小型（大型）個体の割合が増えた場合などには、定着先で原産地とは異なった繁殖戦略をとったり、ニッチを占めることになり、結果的に予想外の相手との競合が生じる可能性がある。また、後者に関しては特にクワガタムシの場合、特定の腐朽型や腐朽の状態を選好するスペシャリストが存在することに留意すべきである。クワガタムシの幼虫など腐朽材食性の幼虫の場合、腐朽材は餌資源であると同時に生息環境そのものである。しかも、これらの幼虫は自力で腐朽材から脱出して別の材に移動することもできない。こうした特性を持つクワガタムシの幼虫にとっては、一本の材の中で他種との競合が生じた場合の影響は成虫よりも特に大きなものがあろう。

さらに一部のカブトムシやハナムグリの幼虫には肉食傾向が強いものもあり、在来種を直接捕食してしまう可能性も否定できない。また、最近、外国産種によって持ち込まれた可能性のあるダニの寄生によって在来種が死亡する例が多数報告されるなど、在来種への寄生虫や病疫伝染の恐れも表面化している。

遺伝的組成の地域固有性が喪失する「遺伝的撹乱」は定着しなくともごく短期間で生じ得る問題としてさらに深刻である。特に、人気が高く輸入量も多いオオクワガタやヒラタクワガタ類では、交雑実験によって外来種と在来種の間で妊性のある雑種が容易に生じることが確認されており、在来種への遺伝的侵食の進行が以前から懸念されていたが、遺伝的侵食の実態として、野外でタイ産のオオヒラタクワガタのミトコンドリアDNAをもった交雑個体と考えられるヒラタクワガタも採集されている（荒谷、二〇〇五）。これらの例は少なくとも国内産のヒラタクワガタに遺伝的侵食が確実に生じつつあることを示唆している。さらに厄介なことに、商品価値を高めるために大型化を狙った意図的な人為的交雑も盛んに行われているという。まさに、近い将来、日本固有の遺伝組成を持ったクワガタムシが野生絶滅してしまう恐れは現実のものとなってしまったと言っても過言ではない。

（4）新たな国際問題の火種

問題は日本国内だけに留まらない。最近、大量のカブトムシやクワガタムシを原産国で違法に採集し、持ち出そうとした日本の業者が逮捕される事件が相次ぎ、新たな国際問題の火種となりつつある。実際、アジア諸国でも、インドやネパール、フィリピン、インドネシアなど多くの国が外国人による昆虫の採集や持ち出しを禁止している（亀岡・清野、二〇〇四）。また、日本への「輸入許可種」ではあっても原産国では採集禁止や保護の対象となっているクワガタムシ・カブトムシが数多い点も問題である。特に、輸入許可種の中に、ワシントン条約の対象種や、台湾で天然記念物として手厚い保護を受けているタイワンオオクワガタやシェンクリングオオクワガタ（写真６－９）などが含まれていることで、違法採集や密輸出に繋がりかねない現状は国際的にも日本の信用を失墜しかねない。

さらに、生き虫ブームは既に述べた従来の標本供給システムにも大きな変化をもたらした。性的二型の著しいカブトムシやクワガタムシでは、これまでの標本市場では雌は雄に比べて価格が著しく安く、積極的な採集・販売対象にはなっていなかった。そのことが現地個体群の乱獲を防ぐいわば歯止めとなっていた。しかし、皮肉なことに生き虫市場では、雌はいわば「種親」としてむしろ雄よりも高値で取り引きされるように

写真６－９　台湾の保護昆虫であるシェンクリングオオクワガタ

なってしまった。加えていわゆる「材割り」など生息環境の破壊を伴う幼虫の採集も盛んに行われるようになった。しかも、同一産地の個体の需要がある程度のところで飽和してしまう標本市場と比べ、生き虫の飼育には常に新しい個体の補充を必要とするため市場が飽和することがない。しかも生き虫市場では野外採集個体は特に重要視される傾向があり需要も高く、常に高値で売買されるため、大量採集に拍車がかかることになる。こうした状況を背景に、地域個体群の維持に影響を与えかねない程の規模で行われている雌や幼虫を含む大量採集は、原産国における生物多様性や資源の保全という観点からも極めて深刻な問題をうむことが懸念される。

（5）今後の展望と課題

こうした外来種による国内生態系の被害を防止するために、環境省は二〇〇五年一月いわゆる「特定外来生物被害防止法」を施行した。この法律によって、被害の著しい外来生物は「特定外来生物」に指定され、輸入や飼育、移動の規制はもちろん、その駆除をも含めた対策が図られることとなった。「特定外来生物」のほかにも「未判定外来生物」、「種類名証明書の添付が必要な生物」、「要注意外来生物」といったランクが設けられ、それらに応じた制限が輸入等に関して課せられている。当初、遺伝子侵食の実例から「特定外来生物」の候補に挙げられていたスマトラオオヒラタクワガタやタイオオヒラタクワガタをはじめとする外国産クワガタムシやカブトムシは結局、指定は見送られ、法的規制のない「要注意外来生物」として今後の経過を見守ることになった。この決定に関しては賛否両論あろうが、外国産クワガタムシやカブトムシに関する限り、在来種に与える影響の科学的データが不足していたり、指定を受けると大量放棄される危険性があることなどを理由に見送られた形になったわけである。一方、二〇〇六年二月に実施された第二次指定によって、甲虫では絶滅危惧種で国の特別天然記念物にも指定されているヤンバルテナガコガネへの被害を防止するために外国産テナガコガネ属のすべてが「特定外来生物」に、また、近縁なヒメテナガコガネ属とクモテナガコガネ属の各種が「未判定外来生物」に指定された。「未判定外来生物」に指定された後者は、在来種に与える影響がはっきりすれば「特定外来生物」に格上指定される可能性も高い。また、クワガタムシやカブトムシを含むコガネムシ上科の全ての種が「種類名証明書の添付が必要な生物」に指定された。この結果、コガネムシ上科の生体を輸入する場合には指定の専門機関が発行する「種類名証明書」の添付が義務付けられることとなった。この措置によって、横行している密輸の防止効果が期待される。

現在の日本産カブトムシ・クワガタムシの抱える危機的な状況を打開するためにはこうし

た法的な規制もやむを得ない面がある。しかし、過剰な外国産大型甲虫ブームが生み出す様々な弊害を解決するためには、何よりもまず、愛好者や業者、行政、そして研究者が一体となって販売や管理、採集・飼育モラルの向上を図っていくことが急務である。この点、最近、愛好家や生き虫関連業者自身の手による飼育モラル向上への取り組みや放虫禁止等の啓蒙活動が展開されていることは大いに評価できる。遺棄される可能性のある飼育余剰品の受け皿として無償の里子・里親制度整備の取り組み（@ニフティ昆虫フォーラム）がなされていることも注目される。すべての関係者が相互に情報を交換しつつ現在の危機的な状況を一刻も早く打破する方策を打ち出すことを願って止まない。

（荒谷邦雄）

参考文献

Berenbaum, M. R. (1996) *Bugs in the system : Insects and their impact on human affairs*, Addison Wesley publishing company.（小西正泰訳（一九九八）『昆虫大全』白揚社）

Evans, A. V. & Bellamy, C. L. (1995) *An inordinate fondness for beetles*, The university of California press.（加藤義臣・廣木眞達訳、小原嘉明監修（二〇〇〇）『甲虫の世界』シュプリンガー・フェアラーク東京）

Metcalf, R. L. & Metcalf, R. A. (1993) *Descriptive and useful insects. Their habits and control,* McGraw-Hill Inc.

Wallace, A. R. (2000) *The Malay archipelago*, Periplus.（宮田彬訳（一九九一）『マレー諸島』思索社）

荒谷邦雄（二〇〇五）「最近の外国産クワガタムシ、カブトムシ事情」『昆虫と自然』40（4）、二七―三二頁。

亀岡晶子・清野比咲子（二〇〇四）『カブトムシとクワガタムシの市場調査』トラフィックイーストアジアジャパン。

野中健一（二〇〇五）『民族昆虫学』東京大学出版会。

林長閑（一九八七）『ミヤマクワガタ　日本の昆虫8』文一総合出版。

松香光夫・栗林茂治・梅谷献二（一九九八）『アジアの昆虫資源』国際農林水産業研究センター編、農林統計協会。

三橋淳編著（一九九七）『虫を食べる人びと』平凡社。

頼廷奇（二〇〇一）『沈酔兜鍬』農星出版。

渡辺弘之（二〇〇三）『タイの食用昆虫記』文教出版。

おわりに

アジアは広い。昆虫は多様である。この二つの事象の組み合わせが、私たち昆虫学者をアジアでの調査に惹きつけている。本書でのアジアの昆虫をテーマに綴られた六つの話題は、まだなお限られた局面しか語っていない。研究の進展とともにまた改めてアジアの昆虫学を体系化できる機会を望みたい。

私事になるが、私にとっての最初の本格的なアジアとの出合いは一九八六年のバングラデシュでの農業大学院支援プロジェクトへの参加だった。皮肉なことに、それまでのアリ研究から一転して、国際協力の分野に飛び込んだときに、アジアとのつきあいが始まった。結局、ダッカには二回、合計すると約三年間滞在した。（バングラデシュの話は本叢書の前身となるKUARO叢書でも谷正和氏の著による『村の暮らしと砒素汚染――バングラデシュの農村から――』に詳しい。）それ以来、昆虫学と国際協力の二足のわらじをはいている。アリはどこにでもいるので、アジアの農村をながめつつ足下を歩くアリたちのことも気になる。KUARO叢書の『アジアの農業近代化を考える――東南アジアと南アジアの事例から――』の著者である辻雅男教授とベトナムでご一緒したとき、ハノイの書店で自然史関係の書物を物色していると「あれ、緒方さん、なんでそんな本を買うの」といわれてしまった。どうも私の専門は国際協力だと思われていたらしい。しかし私にとってのアジアへのアプローチの基盤はあくまでもナチュラル・ヒストリーなのである。

本書を締めくくるにあたって、一言。それぞれの著者たちがフィールドで調査する時、かならず現地の研究者との共同研究という形をとっている。また、調査の許可・標本の持ち出しについてもそれなりの手続きを踏んでいる。海外調査では、現地の研究者とアジアの昆虫についての共通の理解を築くという立場を忘れてはならない。

本書は科学研究費「熱帯アジア産昆虫類のインベントリー作成と国際ネットワークの構築」（代表・矢田脩、平成十四〜十六年度、平成十七〜十九年度はフェイズIIとして実施中）、「わが国と東南アジアにおける蔬菜害虫の総合的害虫管理」（代表・高木正見、平成十五〜十七年度）、「アジア乾燥地帯の砂漠化防止・緑化支援のための野生ハナバチ類の送粉に関する基礎研究」（代表・多田内修、平成十六〜十八年度）、「生物多様性バイオインディケーターとしてのアリ類の利用に関する基礎的研究」（代表・緒方一夫、平成十六〜十八年度）などの研究成果の一部である。これらの研究でご一緒した方々からは資料や写真などで多大のご協力をいただいた。また、本書の出版に際し、九州大学アジア総合政策センターの玉好さやかさん、九州大学出版会の永山俊二氏、奥野有希さんらにご迷惑をおかけした。記してお礼申し上げる。

編著者を代表して

九州大学熱帯農学研究センター　緒方一夫

執筆者紹介（執筆順）

緒方一夫（おがた・かずお）
一九五六年生。九州大学熱帯農学研究センター教授、農学博士。
一九八四年九州大学大学院農学研究科農学専攻博士後期課程単位取得退学。国際協力事業団専門家等を経て、一九九〇年に九州大学熱帯農学研究センター助手採用、同助教授を経て、二〇〇三年より現職。
専攻・研究内容：熱帯昆虫学、熱帯作物・環境学、国際協力。アリ類の分類と生物地理、熱帯の生態系での生物多様性に関する研究など
著書：『ハチとアリの自然史』（分担、二〇〇二、北海道大学図書刊行会）、『日本産アリ類全種図鑑』（分担、二〇〇三、学習研究社）など

矢田　脩（やた・おさむ）
一九四六年生。九州大学大学院教授（比較社会文化研究院）、農学博士。
一九七〇年九州大学大学院農学研究科農学専攻修士課程退学、同教養部助手に採用、助教授を経て、二〇〇二年より現職。
専攻・研究内容：昆虫系統分類学、生物地理学、保全生物学。チョウ類を中心に熱帯アジアでの生物多様性と保全に関する研究など
著書：『熱帯昆虫学』（編著、一九九九、九州大学出版会）、『チョウの自然史』（分担、二〇〇〇、北海道大学図書刊行会）など

多田内　修（ただうち・おさむ）
一九四八年生。九州大学大学院教授（農学研究院）、農学博士。
一九七七年九州大学大学院農学研究科農学専攻博士後期課程単位取得退学、一九八一年、九州大学農学部助手採用、同助教授を経て、二〇〇四年より現職。
専攻・研究内容：昆虫分類学、昆虫情報学。旧北区東部のヒメハナバチ科の分類学的研究、アジア産昆虫種情報の体系化とネットワーク化、昆虫学へのe-ラーニングの利用など
著書：『新版　昆虫採集学』（分担、二〇〇〇、九州

大学出版会）、『昆虫学大辞典』（分担、二〇〇三、朝倉書店）など

小島弘昭（こじま・ひろあき）

一九六九年生。九州大学総合研究博物館助手、農学博士。

一九九七年九州大学大学院博士後期課程修了、日本学術振興会特別研究員を経て、二〇〇〇年より現職。

専攻・研究内容：多様性昆虫学、応用体系学。ゾウムシ類を中心とした食葉群甲虫類の自然史、分類、系統進化

著書：『The Insects of Japan 3. Curculionoidea : General Introduction and Curculionidae : Entominae (1)』（分担、二〇〇六、櫂歌書房）など

高木正見（たかぎ・まさみ）

一九五〇年生。九州大学大学院教授（農学研究院）、農学博士。

一九八〇年九州大学大学院農学研究科農学専攻博士後期課程単位取得退学、一九八四年九州大学農学部助手採用、同助教授を経て、二〇〇〇年より現職。

専攻・研究内容：生物的防除学、天敵昆虫学、昆虫生態学。カンキツの総合的害虫管理、蔬菜の総合的害虫管理など

著書：『新農業環境工学—二十一世紀のパースペクティブ—』（分担、二〇〇四、養賢堂）、『農薬の科学—生物制御と植物保護—』（分担、二〇〇四、朝倉書店）など

荒谷邦雄（あらや・くにお）

一九六五年生。九州大学大学院助教授（比較社会文化研究院）、博士（理学）。

一九九四年京都大学大学院理学研究科動物学専攻博士後期課程修了、日本学術振興会特別研究員を経て、同年京都大学大学院人間・環境学研究科助手に採用、二〇〇〇年より現職。

専攻・研究内容：昆虫系統分類学、行動生態学、保全生態学。クワガタムシ科を中心としたコガネムシ上科甲虫類の進化など

著書：『樹の中の虫の不思議な生活』（分担、二〇〇六、東海大学出版会）、『甲虫学』（分担、二〇〇六、同）など

〈九大アジア叢書 7〉

昆虫《こんちゅう》たちのアジア

——多様性・進化・人との関わり——

2006年10月1日　初版発行

編著者　緒方一夫・矢田　脩
　　　　多田内　修・高木正見

発行者　谷　隆一郎

発行所　(財)九州大学出版会
〒812-0053 福岡市東区箱崎7-1-146
九州大学構内
電話　092-641-0515(直通)
振替　01710-6-3677

印刷／九州電算㈱・大同印刷㈱　製本／篠原製本㈱

ISBN 4-87378-919-2

「九大アジア叢書」刊行にあたって

九州大学は、地理的にも歴史的にもアジアとのかかわりが深く、これまでにもアジアの研究者や留学生と様々な連携を行ってきました。また、「アジア重視戦略」を国際戦略の重要な柱として位置づけ、アジア研究を推進すると共にアジアの歴史や文化、政治や経済などを学ぶ各種の学生交流プログラムを促進しています。

グローバル化が進むアジア地域は、経済格差、環境問題、人権問題や民族間の対立などの地球規模の課題が先鋭的に表れる一方、矛盾や対立を乗り越えるための様々な叡智や取り組みが存在しています。このような現代社会の課題に対して、九州大学の教員には、それぞれの専門分野での知見を深めつつ、国境や分野を越えて総合的に問題解決に挑んでいくことが期待されています。

九州大学アジア総合政策センターは、これまでのアジア総合研究センター（KUARO）を発展的に改組し、現代のアジアを総体的に捉え、政府、地方自治体、企業、市民社会に対して開かれた新たな知的拠点の形成を目指して二〇〇五年七月に設置されました。アジア総合政策センターでは、これまで出版されてきたKUARO叢書を受け継いで、アジアに関する研究成果を分かりやすく紹介するために「九大アジア叢書」を刊行いたします。

二十一世紀、九州大学がアジアにおける知のリーダーシップを率先して発揮し、アジアの研究者とネットワークを形成することで、日本を含めたアジア地域の平和と持続的発展に貢献することを切望してやみません。

二〇〇六年三月

九州大学総長　梶山千里

4

岩佐昌暲 編著

中国現代文学と九州

――異国・青春・戦争――

新書判・二五二頁・一、三〇〇円

九州に学び、文学の道を歩んだ中国人留学生、大陸や植民地で執筆活動をした九州出身作家、激動の時代を背景に、彼らの生の軌跡を追う。

5

谷　正和 著

村の暮らしと砒素汚染

――バングラデシュの農村から――

新書判・二〇〇頁・一、〇〇〇円

ガンジス川流域の広い地域で起こっている地下水の砒素汚染について、NGOとともに実際に調査・対策に取り組んできた著者が、環境人類学の視点から、持続的かつ効果的な援助のあり方を考える。

九大アジア叢書

6

石川捷治・中村尚樹 著

スペイン市民戦争とアジア

――遥かなる自由と理想のために――

新書判・一八二頁・一、〇〇〇円

七〇年前に市民が人間の尊厳と自由を守るために立ち上がったスペイン市民戦争。今日のスペイン・ルポとともに、これまで注目されてこなかった、日本をはじめアジア諸国の人々との関連を明らかにする。